# 自衛隊員が泣いている

壊れゆく〝兵士〟の命と心

三宅勝久
MIYAKE KATSUHISA

花伝社

自衛隊員が泣いている——壊れゆく〝兵士〟の命と心◆目　次

まえがき　5

プロローグ　護衛艦「たちかぜ」アンケート事件　13

第1章　濡れ衣　47

1　二五歳自衛官を自殺に追い詰めた警務隊の濡れ衣捜査　48

2　釧路駐屯地糧食班冤罪事件　68

3　1等空尉が告発する警務隊の無法捜査　91

第2章　暴力　107

1　「命の雫」事件――徒手格闘という殺人訓練　108

2　護衛艦「しらゆき」の陰惨な日常　134

第3章　隠蔽　149

1　取引業者から高級車を「プレゼント」された海自司令官　150

2　防衛省が捨てた「負傷兵」――クウェート米軍基地ひき逃げ事件　166

第4章　破　滅　183

一九歳自衛官タクシー運転手殺害事件　184

エピローグ　加藤好美元1等陸尉インタビュー　213

あとがき　242

# まえがき

不祥事に備えて自衛隊は税金を使って記者会見の「訓練」をしている――この事実をはじめて知ったのは二〇一二年夏のことだった。

陸上自衛隊高級幹部過程の自衛官相手に「模擬記者会見」の講師をやるという、そんな仕事が舞い込んできたのだ。ある零細企業が防衛省から受注し、ジャーナリストの寺澤有氏に協力を依頼、筆者は寺澤氏から「一緒に行きませんか」と誘われたのだった。

妙な訓練があるものだと思いながら、東京・目黒区にある陸上自衛隊幹部学校に赴いた。

「厳しく徹底的にやってください」

教室の中にしつらえた「記者会見場」で教官が笑いながら言った。

訓練は、生徒である幹部過程の1佐たちが順番に会見場の前に立ち、「演習場から隊員が脱走。銃剣を持っている可能性あり」といった架空の事件を発表、それを記者役が追及するという流れで行われた。筆者らは、教官に言われたとおり、容赦なく質問を浴びせた。

「発表まで何時間もかかっているじゃないですか」

「確認していました」

「隊員の氏名・階級は」

「個人情報ですので……」

「最新の目撃情報は」

「確認中です」

「ちょっとふざけないで下さいよ。いったい自衛隊は市民の安全をどう考えているんですか！」

芝居じみた「会見訓練」の後、大部屋に移って講評が行われた。筆者は率直に感想を述べた。

「説明を尽くすという姿勢が感じられなかった。万が一にでも不祥事を隠そうとすれば、必ず発覚し、決定的な信頼失墜につながります。説明を尽くすという姿勢が結局もっとも良い対応の仕方です。信頼回復の近道です。隠蔽は傷を広げることになるのでやめたほうがよい」

このとき生徒である一人の1佐が手を上げて発言した。

「隠蔽とおっしゃいましたが、自衛隊は隠蔽などしていません。隠蔽といわれるのは心外ですので、申し上げておきたい」

正直な意見なのだろう。そう思いながら筆者は言葉を返した。

「護衛艦『あたご』の事件にみるように、世間の少なからぬ人が自衛隊には『隠蔽体質』があると感じています。まずこの事実を認める必要があるんじゃないでしょうか。また、隠蔽していない、と幹部は思っていても、部下が隠して正しい情報を上げていないということもあり得ます」

とことん説明するという姿勢こそが国民の信頼につながり、不祥事の防止にも役立つ——筆者の意見が他の1佐たちにどう受け止められたのかは知る術がない。

「この後もメディアトレーニングを予定しているので、引き続きお願いします」

模擬会見の帰り、教官は言った。楽しみにしていた。だが数日たって「予定」は中止された。理由は不明。寺澤氏がツイッターに模擬会見の感想を書き込んだのを自衛隊側が見とがめたという話を伝え聞いたが、その程度のことでクビにするものかと疑問を覚えた。

じつのところ、筆者は防衛省の記者会見に一度も出席したことがない。「記者クラブ」の壁があって、望んでも参加することができないのだ。筆者と寺澤氏をクビにした動機に、もし「フリージャーナリストは面倒だ。気心の知れた記者クラブメディアだけを相手にしたほうがよい」といった考えがあったとすれば、それこそが「隠蔽体質」の現れだろう。そもそも記者会見をすべての取材者に開放していれば、「訓練」をする必要もない。

この出来事からほどなくして、ひとつの事件が耳に入った。航空自衛隊入間基地で若い隊員が死んだ。四階建ての隊舎から転落したらしい。自殺とみられる——。

調べていくと不審な事実が浮かんできた。「自殺」と判断したのは狭山警察署だが、同署が現場に行ったのは発見から四時間後。自衛隊から警察に連絡はなく、病院からの通報で警察は事件を知った。警察が来るまでは警務隊が捜査していたとされるが、じつは警務隊到着前にすでに現場が片付けられていたらしい。つまり現場保存がされていない恐れがある。また、死亡した隊員の様子がおかしかったという話も伝わってきた。夜間警備につく予定だったが、上司が異変に気づき隊舎に戻したという。

遺書はあったのか、いじめではないのか。本当に自殺なのか。隊の広報を通じて電話で取材した。しかし、「自殺」だというばかりで説明はまったく要領を得なかった。広報担当者の関心は、むしろ筆者がどうやって事件を知ったかにあるようだった。

「自殺」事件から数ヶ月後、入間基地で航空祭が開かれた。自殺があったという現場付近を訪れてみると、自衛隊の外郭団体が出した露店が並び、詰め掛けた自衛隊愛好者たちでごった返していた。生花ひとつ置かれていなかった。

「自衛隊は隠蔽などしていません」

時折歓声の上がるにぎやかな基地内を歩きながら、筆者は幹部学校で聞いた1等陸佐の言葉を思い出した。

自衛隊の好感度が過去最高だという。二〇一二年三月一〇日の読売新聞は報じている。

〈内閣府が一〇日発表した「自衛隊・防衛問題に関する世論調査」で、自衛隊に良い印象を持っていると回答した人が九一・七%に上り、一九六九年の調査開始以来、最高となった。〉

しかし、自衛隊の自殺率は一〇万人あたり三五人～四〇人で、省庁のなかで突出して高い。二〇一二年度の自殺者数は八三人で、うち空自は過去最多の二〇人を数えた。

自衛隊員の自殺死亡者数（防衛省公表データより）

| 年度 | 陸 | 海 | 空 | 事務官等 | 合計（人） |
|---|---|---|---|---|---|
| 1994 | 38 | 6 | 9 | 8 | 61 |
| 1995 | 27 | 13 | 4 | 5 | 49 |
| 1996 | 26 | 17 | 9 | 5 | 57 |
| 1997 | 44 | 11 | 6 | 5 | 66 |
| 1998 | 46 | 17 | 12 | 4 | 79 |
| 1999 | 36 | 17 | 9 | 3 | 65 |
| 2000 | 43 | 16 | 14 | 8 | 81 |
| 2001 | 44 | 8 | 7 | 5 | 64 |
| 2002 | 50 | 15 | 13 | 7 | 85 |
| 2003 | 48 | 17 | 10 | 6 | 81 |
| 2004 | 64 | 16 | 14 | 6 | 100 |
| 2005 | 64 | 15 | 14 | 8 | 101 |
| 2006 | 65 | 19 | 9 | 8 | 101 |
| 2007 | 48 | 23 | 12 | 6 | 89 |
| 2008 | 51 | 16 | 9 | 7 | 83 |
| 2009 | 53 | 15 | 12 | 6 | 86 |
| 2010 | 55 | 10 | 12 | 6 | 83 |
| 2011 | 49 | 14 | 15 | 8 | 86 |
| 2012 | 52 | 7 | 20 | 4 | 83 |

自殺のリスクが一番高い役所の好感度が過去最高なのだ。不思議な話だが、この矛盾に触れたニュースはない。

数年来、筆者は「自殺」に象徴される自衛隊の暗部に光をあてて取材活動を行ってきた。『悩める自衛官』『自衛隊員が死んでいく』（いずれも花伝社）、『自衛隊という密室』（高文研）に続く、本書は四作目の報告集である。これまで報告してきた事件には次のようなものがある。

・空自浜松基地いじめ自殺事件

航空自衛隊浜松基地所属の男性3曹が、先輩の男性2曹から、殴られる、不当に多くの仕事を押しつけられる、長時間怒鳴られるなどのパワーハラスメントを長期間にわたって受け続け、自殺した事件。3曹はクウェートに派遣されたが、パワハラは帰国後により激しくなった。遺族が静岡地裁浜松支部に国賠訴訟を起こした。同支部は原告の主張するパワハラの事実をほぼすべて認め、国に賠償を命じる原告全面勝訴判決をくだした。

・空自浜松基地暴行失明事件

浜松基地内で開かれた盆踊りの後片付けをしていた男性1士が、酒に酔った先輩から酒瓶や拳で殴られたほか、首を締められるなどの激しい暴行を受け、意識を失った上に眼底骨折の重傷を負い、左目を失明した事件。病院への搬送を見合わせるなど部隊による事件隠しが疑われた。国家賠償請求を求めて静岡地裁浜松支部に提訴、勝訴的和解が成立した。

・空自レーダー基地強制わいせつ事件

北海道の航空自衛隊レーダー基地で、1士の女性隊員に対して男性3曹が強制わいせつを働いた事件。女性は上司に被害を訴えたがほとんど相手にされず、まるで女性側に非があるかのような対応をされた。女性は国家賠償請求訴訟を札幌地裁に起こし、全面勝訴する。その後、田母神俊雄・元航空幕僚長が自著でこの事件に触れ、「よくある男女間の〝いざこざ〟のたぐい」などと事実無根の内容を記述した。女性側の訂正要求に対して田母神氏側は誤りを認め、謝罪する形で和解した。

「改憲」「国防軍」「尖閣問題」などが政治の争点として浮上し自衛隊に関心が高まっているいま、ありのままの自衛隊の姿を知り、理解することが何より重要ではないだろうか。事実を抜きにして実りある議論はない。

大メディアで報じられることの少ない影の部分に光をあてて自衛隊を「可視化」する試みに、本書が微力ながら役にたつことを願う。

プロローグ

# 護衛艦「たちかぜ」アンケート事件

海自横須賀基地に係留された護衛艦「たちかぜ」。虐待事件発覚後に廃艦となり、訓練の標的として沈められた

約八〇席ある傍聴席はすべて埋まっている。二〇一二年四月一八日、東京高等裁判所七一七号法廷で、海上自衛隊の護衛艦「たちかぜ」で起きた虐待事件[注1]をめぐる国家賠償請求訴訟の控訴審第五回口頭弁論が、まもなく始まろうとしていた。

「ご起立ください」

廷吏の指示で傍聴人が一斉に席を立った。法壇奥の扉が開いて判事三人が姿を現す。中央は鈴木健太裁判長だ。司法修習二六期、定年退官を間近に控えたベテラン判事である。

「控訴人（原告）から準備書面……」

小さくて聞きづらい声で鈴木裁判長が訴訟手続きを進めた。

民事訴訟の常だが、傍聴しているだけでは何をしているのかよくわからない。この日もそうだった。かろうじて印象に残ったのは「甲八三号証」という言葉だった。「甲」とは原告が出した証拠のことである。それ以上は見当がつかない。また「艦内生活実態アンケート」という言葉も何度か聞かれた。これは聞いたことがある。「甲八三号証」と「アンケート」をめぐって、原告代理人が激しく訴える場面があった。いつもより緊迫した法廷だった。

「甲八三号証」――筆者は手元の大学ノートに書き取ると法廷を後にした。

## 「たちかぜ」事件

護衛艦「たちかぜ」乗員・今井健太郎1等海士（仮名）が電車に飛び込んで自殺したのは、

二〇〇四年一〇月二七日のことである。入隊二年目、乗艦して一〇ヶ月。二一歳という若さだった。現場のプラットホームに残されたリュックサックから鉛筆書きの遺書が見つかった。

「たちかぜ電測員Sへ　お前だけは絶対に許さねえからな……」

Sとは誰か、何があったのか——遺族は自衛隊に説明を求めた。

海上自衛隊横須賀地方総監部が内部調査を行った結果、明るみになったのは「虐待」だった。加害者は艦歴七年になる古参2曹の「S」。被害者は今井1士を含む後輩数人。Sは玩具のガス銃や電動銃を艦に持ち込んで後輩を頻繁に撃っていた。また、殴る蹴る、恐喝するなどの犯罪行為を繰り返していた。さらに、わいせつなビデオを多数艦内に持ち込んで鑑賞したり、工具をそろえて趣味の大型ナイフを製作するといったことも行っていた。やりたい放題だった。Sだけではない。虐待には別の隊員も加担していた。

S2曹は恐喝罪と暴行罪で起訴され、懲役二年六月・執行猶予四年の有罪判決を受ける。自衛隊は懲戒免職処分となった。ただしSが罪に問われたのは健太郎を除く別の後輩二人に対してのみ。健太郎の被害は「死亡」を理由に不問に付されてしまったのである。

息子の自殺はSの虐待が原因ではないのか——そう確信していた遺族のもとに、やがて横須賀総監部の調査委員会から最終結果が届く。

「(S2曹らによる)当該私的制裁等及び恐喝が、今井1士の自殺と関連しているとの供述は得られなかった」

虐待はあったが自殺との間に因果関係はない。それが自衛隊の結論だった。同時に、自衛隊内の警察組織である警務隊からも心外なことを言われた。

「風俗店通いで借金を作ったとみられる。自殺は借金苦が原因ではないか」

故人にとっては不名誉な話である。しかし証拠を見せられたわけではない。遺族は信じられなかった。

「真相を知りたい」

そう願って、防衛庁に対して情報公開請求を行った。結果出てきたのは「不存在」の通知と墨塗りだらけの文書だった。

まるで「死人に口なし」ではないか――自衛隊に不信を抱いた両親は、二〇〇六年四月、横浜地裁に国家賠償請求訴訟を起こす。

第一回口頭弁論の日、父親は声を震わせて陳述した。

「いま、私は、自衛隊に対する信頼のすべてを失ってしまいました。息子が護衛艦たちかぜで過ごした一〇ヶ月間の情報を、自衛隊は開示しようとしません。このまま息子の存在を消し去るつもりなのでしょうか。毎年多くの隊員が自殺していることを知り、愕然としました。国民のためにあるべき自衛隊は、仲間の尊い命さえ守れないで、国民の何をどう守るのでしょうか。私は、自分が息子を殺したと思っています。私が自衛隊を勧めたために、健太郎はわずか二一年六ヶ月の人生に幕を引きました。その後悔の念でいっぱいなのです」

健太郎に自衛隊入隊を勧めたのは、父親だった。

## 「息子が浮かばれない」

これから約五年の審理を経た二〇一一年一月二六日、一審横浜地裁判決（水野邦夫裁判長）が下された。四四〇〇万円の賠償を国に命じた原告・遺族側の「勝訴」だった。しかし内容はとても「勝った」と喜べるようなものではなかった。

確かに「虐待」の事実については詳細に認定している。

S2曹は「たちかぜ」在籍七年で艦の「主《ぬし》」的存在だった。逆らえない空気ができていった。Sは後輩が仕事でミスをしたり、単に自分が不機嫌なときには、怒鳴りつけたり平手や拳で頭を殴ったり足蹴にするなどの暴行を加えた。

艦内の職場に工具を持ち込みナイフ作りをするようになった。さらに市販のガス銃・電動銃三丁を無断で艦内に持ち込んだ。二メートルの距離からアルミ缶を撃ち抜く威力があった。これらの銃で後輩を頻繁に撃った。今井も撃たれた。Sはまた、アダルトビデオ類を多数艦内に持ち込んでいた。これを今井1士ら後輩に無理やり売りつけた。「ビデオ業者の名簿に載ったから抹消してやる」とウソをいって今井から五〇〇〇円を巻き上げたこともある。さらにＣＩＣ（戦闘指揮所）という艦の中枢部にあたる部屋に後輩

「たちかぜ」訴訟の一審横浜地裁判決は、自殺に対する国の責任を否定した。無念の気持ちを記者に語る遺族（2011年1月26日）

を集め、「サバイバルゲーム」と称してガスガンを撃ち合った。（判決より趣旨）

また、分隊長をはじめとするSの上司が見て見ぬ振りをしていたことも判決は認定した。

分隊長は今井1士と面接した結果、彼がS2曹からガス銃や電動銃で撃たれていることを知った。だが上司に報告せず放置した。また先任海曹（電測長）は、通信機器室に銃が置かれていることに気がついていた。BB弾（石油樹脂製の玩具用弾丸）がCICの床に転がっているのも知っていた。艦内でS2曹が銃を撃つ様子を目撃したこともあった。やはり何もしなかった。後日、送別会の席でようやくS2曹を注意した。しかしSは銃を持ち帰らず、引き続き後輩

を撃ったりサバイバルゲームをした。このほか、班長もS2曹の暴行を知っていながら何もしなかった。(同)

これらの認定事実をふまえて水野裁判長は、S2曹による虐待と上司の怠慢が今井を自殺に追いやったと判断した。ここまでみると完全勝訴である。しかし、それにしては四四〇万円という賠償額はあまりにも少ない。

そこには審理中一度も出なかった「予見可能性」というからくりが使われていた。判決がいわんとするところを簡潔にまとめれば次のような論理である。

〈S2曹は虐待を行った。上司らも見逃した。それが問題であり、自殺につながったことも事実である。しかし一方で、Sや上司は、まさか今井1士が自殺するとは思わなかった。「予見可能性」がなかったのである。だから自殺した点について国に責任はない。国やS2曹が賠償すべきなのは今井が生前に受けた苦痛の部分に限られる〉

原告を勝たせたようにみせて巧妙に国の責任を拭い去った「うっちゃり判決」(原告弁護団)だった。

「私は、自分が息子を殺したと思っています」

「その後悔の念でいっぱいなのです」

五年前に悲痛な訴えをした健太郎の父親は、この判決を聞く前に病気で他界していた。

「これでは息子が浮かばれません」
判決の日、母親は涙ながらに語った。

## 控訴審と「アンケート」

裁判は控訴審に引き継がれた。東京高裁の法廷で、原告側は一審横浜地裁判決を批判し、訴えた。

〈自衛隊は今井健太郎が自殺する恐れを十分に予見できた。自殺したことに関して国は賠償する責任がある〉（趣旨）

同時に自衛隊に対して文書の開示を強く求めた。この文書のひとつが、冒頭で触れた「艦内生活実態アンケート」だった。自殺があった直後に「たちかぜ」乗員約一九〇人を対象にアンケート調査が行われた。その際に隊員らから回収した文書である。一人あたり二枚、あわせて四〇〇枚近くあるはずだった。

弁護団が「アンケート」を重要視したのは、これが事件の実態をもっとも生々しく物語る文書だからである。一次資料として信頼性が高い。アンケートが手に入れば「予見可能性がなかった」という横浜地裁判決の理屈を崩せると考えた。

「アンケート」の開示をめぐる争いは古く、発端は提訴前にさかのぼる。最初は、遺族の申し立てた情報公開請求だった。開示を求めた対象文書のなかに「アンケート」が含まれていた。

請求に対して防衛庁は当時、「不開示」と返答している。すでに破棄したという説明だった。

横浜地裁で裁判がはじまると弁護団はあらためて「アンケート」を開示するよう求めた。自衛隊側は「破棄した」「存在しない」と繰り返した。だが弁護団はこれを鵜呑みにせず、食い下がった。

「本当に破棄したのであれば破棄に必要な手続きがとられているはずだ。破棄した証拠を出すよう求める」

結局自衛隊から「破棄」を裏付けるものは出てこなかった。

「不自然だ。隠しているのではないか」

遺族と弁護団は疑念を膨らませた。

一審判決はこの「アンケート問題」に決着をみないまま下された。それゆえ、控訴審ではいっそう激しく争われることになったのである。

## 甲八三号証

「甲八三号証」の話に移りたい。

冒頭の第五回口頭弁論から数日後、甲八三号証の内容を確認するため、筆者は東京高裁を再び訪れた。東京高裁の民事記録閲覧室は一七階にある。閲覧申請の手続きを済ませて待っていると職員が赤い紙ばさみを運んできた。中を開くとA4判二〇枚ほどのワープロ打ちされた書類がはさんであった。

甲八三号証とは、Aという人物の陳述書だった。A氏の略歴は冒頭に紹介されていた。〈元海上幕僚監部法務室勤務、たちかぜ訴訟の国側代理人、3等海佐〉

国側の代理人として訴訟を担当していた現職自衛官だった。国側代理人が訴訟相手の原告側から陳述書を出している――なるほど、国にしてみれば予想もしなかった〝反撃〟だろう。法廷の空気が緊張していた訳が理解できた。

A3佐の陳述書は詳細で具体的だった。ひととおり読み終えるのに半時間ほどかかった。以下、訴訟記録を閲覧した手控えをもとに概要を紹介したい。ただし、わかりやすくするため、文意を損なわない範囲で再構成した。(注2)

## A3佐の陳述書

〈主な登場人物〉

・A3佐:海上幕僚監部法務室(「たちかぜ」訴訟代理人)、陳述者
・T民事法務官:同法務室(同)
・M訟務専門官:同法務室(同)
・U1佐:同法務室首席法務官
・J訟務検事:「たちかぜ」訴訟代理人

・今井健太郎1士（仮名）：「たちかぜ」乗組員（虐待被害者・自殺で死亡）
・S2曹：同（虐待加害者・懲戒免職）
・Y1佐：横須賀総監部「たちかぜ」内部調査首席調査委員
・Q2佐：同内部調査調査委員
・V1佐：警務隊で「たちかぜ」事件を捜査、公益通報調査担当
・O2佐：海上幕僚監部情報公開室
・K弁護士：海上自衛隊から相談を受けている弁護士
（陳述書原文では実名で表記）

陳述書

私は海上自衛隊の3等海佐で元「たちかぜ」訴訟国側代理人のAです。二〇〇二年一二月から二〇〇七年一月まで海上幕僚監部首席法務官付法務室（東京都新宿区）に勤務し、民事担当としておもに争訟事件の指定代理人をしました。二〇〇三年には、外国で補給艦とタグボートの衝突事故の損害賠償を処理しました。また二〇〇四年から二〇〇五年にかけて潜水艦「なだしお」事件の処理をしました。

「たちかぜ」の前に「さわぎり」事案[注3]について述べたいと思います。「さわぎり」事案とは一九九九年に護衛艦さわぎり艦内で3曹が自殺した事案です。いじめを受けていたと

いう指摘が遺族からなされており、事故調査が行われました。この調査はK弁護士の指導で実施されたものですが、調査完結後、調査に使った下資料を破棄するようK弁護士が命じるということがありました。

この件に関連して、二〇〇三年一月のある日、私は上司の法務室長から次のように言われました。

「監察官室から法務室に依頼があった。監察官講習をやる際に、『事故調査と民事訴訟』というテーマで発表してほしいとのことだ。さわぎり事案の国賠訴訟において、原告側から事故調査報告書の記述の根拠を問われた際、被告国が答えに窮する場面がたびたびあった。『報告書と民事訴訟の観点の違いから攻撃のきっかけが生じる』※といった内容を盛り込んで君から発表してほしい」

隣にいた民事法務官も言いました。

「さわぎり事案ではK弁護士の指示で下資料が破棄された。そのため、訴訟では事故調査の根拠を問われて苦労した。今後は破棄しないよう発表の場で言ってほしい」

私は二月の監察官講習で、法務室長らに言われた内容を盛り込んだ発表を行いました。以後、二〇〇六年にかけて計四回の監察官講習が行われましたが、すべて同じ内容で発表をしました。

※ 事故調査報告書で用済みになった資料でも、民事訴訟になった場合に必要なことがある。破棄してしまうと裁判で

追及されて不利になる場合がある——そういう趣旨だと思われる。

「さわぎり」事件とは、佐世保基地（長崎県佐世保市）に所属する護衛艦「さわぎり」艦内で、一九九九年一一月八日、配属まもない二一歳の男性3曹が自殺した事件である。

「（班長は）焼酎ばかり飲んでいる」

「飯場だよ、飯場。ばくちはお金が動くんだよ」

「バカバカ、ゲジ2《げじに》（役たたずをさす蔑称）と呼ばれる」

「甲板で行方不明になった人がいる。スリッパと眼鏡おいていたからおかしいと……」

「（出航する）明日から二四時間やられる、二四時間だからね……」

3曹は生前、古参の先輩らから罵詈雑言を浴びるなどの仕打ちを受けて苦しんでいた。家族にたびたび電話をかけては嘆いた。したがって3曹が自殺した後、遺族はすぐに「いじめ」を疑った。

遺族の訴えを受けて海自佐世保地方総監部は内部調査を行う。結論はこうだ。

「『いじめ』については、その事実は認められない」

「いじめ」ではない、「仕事上の悩み」が原因だというのだった。納得できない遺族は国を相手に国家賠償請求訴訟を起こす。一審長崎地裁佐世保支部は敗訴した。控訴して争ううちに、「力になりたい」と新証人が現れた。元「さわぎり」乗組員だった。艦内で陰惨ないじめが横行していた、私もいじめられたと元乗組員は法廷で生々しく証言した。結果、福岡高裁は「いじめ」

を認定する逆転勝訴判決を下し、確定する。

取材で九州に通った日々が思い出された。「さわぎり」訴訟の大きな争点は、内部調査の信頼性にあった。自衛隊は何を根拠に「いじめ」を否定したのか。原告側は根拠資料の開示を求めた。対する国は資料を出し渋った。

資料開示をなぜ国は頑なに拒んだのか――その理由が、いまA3佐の陳述書で明らかにされている。K弁護士の指示によって捨てられていたという。そしてこの「さわぎり」の反省から「以後は破棄しないよう」A3佐自身が監察官に向けて発表をしたという。

先を読もう。

「たちかぜ」事故調査委員会の首席調査委員はY1佐です。彼は二〇〇三年四月一日から二〇〇五年三月三一日まで横須賀地方総監部（神奈川県横須賀市）の監察官でした。つまり彼は、私が講師をした平成一五年度監察官講習（二〇〇四年二月実施）と平成一六年度監察官講習（二〇〇五年二月実施）を受講しているはずです。ですから「たちかぜ」の事故調査にあたっては、「下資料は破棄せず保管しておけ」と部下に指示しているはずです。

仮に破棄してしまったのであれば「艦内生活実態アンケートを破棄した。どうすればよいか」などと相談があってしかるべきですが、Y1佐からそういった相談はありませんでした。

「たちかぜ」事故調査に関するいっさいの書類は破棄されていない、横須賀地方総監部監察官室に保管されている、と考えるのが自然です。

アンケートなど下資料をいっさい破棄したと主張しているそうですが、これは奇妙です。下資料を破棄しないよう監察官講習で繰り返し言ったにもかかわらず破棄したのであれば、よほどまずいことが書いてあると考えたのでしょうか。

「アンケート」は絶対に破棄されていない。陳述書からはA3佐の強い確信が伝わってくる。

## 「破棄したことになっている」

A3佐が「たちかぜ」事件にかかわったのは二〇〇六年春、裁判開始と同時だった。

二〇〇六年四月五日、遺族が提訴したとの記事が『神奈川新聞』に出ました。これをきっかけに海幕法務室で対応を協議して、T民事法務官、M訟務専門官、A（私）、横監（横須賀総監部）総務課訟務係長が指定代理人になることに決定しました。

陳述書によれば、この直後に最初の事件が起きた。

四月七日、海幕情報公開室のO2佐から法務室に電話がありました。誰が電話をとったかは覚えていませんが、私はT法務官と一緒に情報公開室へ行きました。応対したO2佐は、ほとんど一方的に次のような内容をまくしたてました。

「たちかぜ原告から情報公開請求を受けている」

「アンケートは存在しているが、破棄していることになっているのでフォーマット（回答欄が空白のひな形の書面）だけ開示した」

「（不開示決定に対して）現在異議申し立てをうけている」

私は強い違和感を覚えました。情報公開室の幹部が請求人の個人情報を漏らすのは問題です。自衛隊は平成一一年に、請求人の個人情報リストをつくって情報保全隊に流した「リスト事件」で痛い目にあっています。それなのに、まだこんなことをしているのかと思いました。また、「破棄したことになっている」とはどういうことなのか、存在する文書を破棄したことにする権限など誰にあるのか、そんなことを考えつくのはいったい誰なのかと思いました。

「破棄したことになっている」というO2佐の説明に違和感を覚えたA3佐は、ほどなくしてその言わんとするところを明確に理解した。

二〇〇六年四月二〇日ごろのことです。横須賀地方総監部の事務官が「たちかぜ」事件関連文書を持って海幕法務室を訪問しました。法務室でそのコピーをとったところ、厚さ七センチくらいのA４判パイプファイル二冊くらいの量になりました。私はインデックスをつけて番号をふり、罫紙で目次をつけました。その作業をする過程で、資料の中に「艦内生活実態アンケート」があることに気がつきました。

「なるほど。破棄したことになっているとはこういう意味か」

私は思いました。

また、今井１士の通帳の写しや消費者金融会社とのやりとりを記載した文書もありました。

「艦内生活実態アンケート」は破棄したことになっている——歪んだ前提のまま裁判の準備がはじまる。

二〇〇六年四月下旬、横浜地方法務局経由で海上幕僚監部に訴状が届きました。海幕法務室と横監総務課の担当者が相談して答弁書の基となる文書を作成し、法務局に発簡(郵送)しました。この際、事件に関する下資料いっさいのコピーを法務局にも送るよう、海幕法務室から横監総務課に指示を出しました。

「下資料いっさい」とは、A3佐が整理したA4判ファイル二冊分の文書をさす。そのコピーが横浜地方法務局に送られた。問題の「アンケート」が入ったファイルの写しだ。法務局には国側代理人の「訟務検事」がいる。法務局に出向した裁判官や検察官、弁護士のことだ。法務局に送られた資料一式は、常識的にみて、この訟務検事のところに届いている。

陳述書によれば、こうした資料の処理が済むと、次は訴訟方針に関する検討が行われたという。まずは大方針を打ち出す必要があった。訟務検事との打ち合わせに先立って、自衛隊内で答弁書の原案が練られた。「答弁書」とは、訴状に対して被告から最初に出す反論のことである。

答弁書の元となる文書（自衛隊作成の原案）のポイントは、一言でいうと「暴行・恐喝の限度での賠償責任は認めざるを得ない。しかし自殺との因果関係は争う」というものでした。そして「自殺との因果関係を争う」にあたっては、前述の資料（消費者金融の関連文書）を元に「自殺は借金苦が原因だ」と積極的な主張をすべきか、あるいは借金説はいうべきではないか、という点が議論になりました。

結局、私が懸念を表明したこともあって、「暴行・恐喝は、自殺以外の選択肢をなくさしめるほど強烈なものではなく……」（自殺を選ぶしかないほど強烈ではなかった）といった表現にとどまりました。事故調査報告では自殺原因を特定していません。それなのに訴訟で「自殺の原因は借金」と述べるのは難しいと考えたからです。また、加害者のS2曹を追及するために遺族から提供してもらった（消費者金融の）資料を訴訟で使うのは、個人情報の目的外使用にあたる恐れもあったからです。

〈S2曹が今井1士を虐待したことについては一定の賠償をせざるを得ない。しかし自殺については因果関係を争う。ただし『自殺は借金が原因』とは主張しない〉

自衛隊内でまとめた応訴方針をまとめればこういうことだろう。借金で自殺したとは言わないという方針。ところが、A3佐によれば、この大方針は訟務検事のところで変わってしまう。最初の法廷が開かれる直前にあたる二〇〇六年五月の出来事について、こう書いている。

五月下旬、法務局の指定代理人（訟務検事）と海幕の指定代理人による会議が横須賀地方法務局で開かれました。法務局側指定代理人のJ検事は、「自殺との因果関係は争う」という防衛庁と海幕の方針に賛同しました。しかし一方で「借金が自殺の原因だという主張をしていこう」と言いました。私は懸念を伝えました。

とりやめたはずの「借金自殺説」は、J訟務検事の提案によって蒸し返された。A3佐は「懸念」を伝えた。結果がどうなったかはその後の訴訟の展開に明らかだ。

〈風俗店に通って借金をつくった。それを苦にした自殺だ〉

国側は、かつて警務隊が言ったのと同じ趣旨の主張を法廷で行い、遺族感情を逆なですることになる。

## 不正発覚

二〇〇六年五月、横浜地裁で裁判が始まった。序盤から「文書の提出」が問題となった。

五月下旬、第一回口頭弁論がありました。原告から（艦内生活実態アンケートなどの文書について）「情報公開請求したが十分な情報が得られなかった」と抗議を受けました。そして文書提出命令の申し立てがなされました。

文書提出命令とは、訴訟に必要な文書を裁判所の命令によって開示させる手続きだ。原告はこの手続きを使って、「アンケート」などの文書開示を求めた。裁判所は命令を出すかどうか判断を保留にしたまま、自衛隊側に「検討」を促した。

第一回口頭弁論の終了後、A氏はあらためて文書を探す作業に取り掛かった。あらたな「不正」を目の当たりにしたのは、その作業のさなかのことだったという。

アンケートなどの文書を出せという要求にどう対応するか。第二回口頭弁論に向けて私たちは検討をはじめました。次回までには間に合わないとしても、すくなくとも方向性を出す必要があります。私は横須賀地方総監部から取り寄せた資料と情報公開請求の書類を見比べました。そうしたところ、実際は存在しているにもかかわらず情報公開請求で開示されなかった文書が「艦内生活実態アンケート」以外にも大量にあることに気がついたのです。

存在しながら開示されなかったものとは何か、陳述書には具体的な文書名と内容が列記されている。

▽事件直後、遺族を「たちかぜ」に招いたときの「ご遺族への対応について」と題する二〇〇四年一一月二日作成の文書。「遺族との信頼関係を築くことができた」と書かれていた。

▽今井1士が自殺する前夜、一緒に酒を飲んだ同僚の供述調書。

▽自宅待機を命じられた加害者の2曹と乗員（幹部）が交わした電話のやりとりメモ。「悲しいです」「私だけが悪いみたいですよ」とSが述べた旨記載があった。

▽自殺があった直後、下宿待機を命じられた海士と幹部の電話のやりとりメモ。「加害者の2曹が下宿に現れたらどうしよう」との記載があった。

▽今井1士を被害者とする恐喝に関連した隊員からの聞き取りメモ。八月下旬の当直日、1士に命じてベッド上に金を置かせた――と書いている。

▽サバイバルゲームが実施された月日、およびその日の当直士官、当直警衛海曹、参加者をまとめた表。自殺数日前の一〇月二四日にもサバイバルゲームをやったとの記載がある。

A3佐はさらに、これらの文書や「アンケート」に記載されている事実が、内部調査の報告書から抜け落ちていることにも気がつく。

下資料で明らかにされているにもかかわらず事故調査報告書では無視された事実もいくつかありました。

(ア) 一〇月一九日の「マグライト殴打事件※」(艦内生活実態アンケートの記載、ならびに加害者の2曹の供述あり)。

(イ) 旗甲板《はたかんぱん》からのガスガンによる銃撃(艦内生活実態アンケートに「音聞いた」との記載あり)。

（ウ）一〇月二四日にサバイバルゲームが行われた事実。

これらの事実は報告書では無視されています。特に（ウ）については、国は裁判のなかで、一〇月二四日にサバイバルゲームが行われたこと自体を否定しているのです。私は強い違和感を覚えました。

※長さ三〇〜四〇センチの大型懐中電灯で頭を殴ったとされる事件。国側は否定した。

横須賀地方総監部の調査報告はおかしい——A3佐の疑念は決定的となる。そして調査に乗り出す。

これらの（横須賀地方総監部による）内部調査結果と下資料の矛盾の理由をただすため、私とM専門官、事務官は、Y1佐の事情聴取を考えました。当時Y1佐は輸送艦「くにさき」の艦長でした。二〇〇六年六月下旬、電話で聴取を申し入れました。ところがY1佐は「横監監察官室にある事故調査結果の『案』を読めばわかる」として聴取を断りました。そこで、私は「案」のコピーを入手して読んでみました。「案」は一次案から七次案くらいまでありました。二〇〇五年一月一四日の案には、「よほどのことがない限りこれが最終案」と書かれた付箋がつけてありました。再三書き直しをさせられていらだった様子が伺えました。

Y1佐に聴取を断られたA3佐らは、調査報告書の「案」が七通も作られていた事実に注目する。つまり少なくとも六度にわたって書き直しがなされたことを意味する。「案」はどう変わっていったのか。

最初のほうの案には、「（二〇〇四年）一〇月一九日のマグライト事件」や「一〇月二四日のサバイバルゲーム」のほか、多くの事件が書かれていました。それが「案」が進むごとにだんだん事件の数が減っていきました。

一〇月一日に電測長が加害者の2曹に注意をした。それ以降、暴行や恐喝はやんだ。そういうシナリオを誰かが書いたのだ――私は疑いました。

A3佐のいう「シナリオ」とは次のような意味だろう。

ガス銃で後輩を撃つなどの乱暴狼藉を繰り返すS2曹に対し、上司の電測長が二〇〇四年一〇月一日に注意した。「アンケート」によると、注意の効果は乏しく、サバイバルゲームなどの虐待は続いていた。ところが何者かによって事実が歪められ、「一〇月一日の注意以後、虐待はなくなった。だから国は安全配慮義務を果たした、責任はない」という事実無根の「シナリオ」がつくられた――A3佐はそう疑ったのである。

## Y1佐の事情聴取

A3佐ら海幕法務室の調査はどうなったのか。陳述書は続く。

Y1佐（「たちかぜ」調査の責任者）の聴取が無理だったので、私たちは調査委員会のメンバーであるQ2佐の聴取を考えました。二〇〇六年六月二七日、「たちかぜ」艦長室でQ2佐から事情を聴きました。Q2佐は当時「たちかぜ」の艦長でした。

「証拠の評価と記述内容の調整はY1佐がひとりでやっていたのでわからない」

聴取に対してQ2佐は答えました。

「やはりY1佐に話を聞かなければだめだ」と私たちは考えました。そして何とか本人から事情聴取の了承をとりつけると、六月二八日、Y1佐の勤務地である佐世保に向かいました。

事情聴取に対してY1佐はどう答えたのか――A3佐の陳述は佳境に入る。

当時Y1佐は輸送艦「くにさき」の艦長でした。私たちは艦長室でY1佐を聴取しました。事故調査結果と下資料との間で矛盾する点をエクセルで表にして、それを示しながら聴きました。

Y1佐の説明とは、要約すればこういうことです。

〈海幕服務室や内局から、事故調査の案に記載した内容について『根拠はあるのか』『裏は取れているのか』と厳しく問われ、結局証言の少ない事件から順に削らざるを得なかった〉

事情聴取を終えた私たちは海幕にとんぼ返りし、六月二九日、首席法務官のU1佐に口頭で報告しました。さらにその後の七月下旬、「『たちかぜ』事案に係る事故調査の問題点について」と題する文書にまとめて報告しました。

文書が隠され、調査報告の内容が不当に歪められた疑いはきわめて濃厚となった。一連の経緯をA3佐は上司に報告した。果たして、防衛庁（当時）が動くことはなかった。

半年後、A3佐に転勤命令が出された。職務としての「たちかぜ」との縁はここで切れる。不正を調査・報告したことが転勤に影響したものかどうかは陳述書からは読み取れない。ただ釈然としない当時の心境が述べられている。

二〇〇七年、私は情報本部に転勤になりました。存在する文書を「存在していない」といって隠している件が心に引っかかったままでした。しかし事実を公にする勇気はありませんでした。もし公にしても、防衛省や海上自衛隊は、事実を隠したり口裏を合わせてしまうかもしれません。そうすると私や家族は破滅するかもしれません。それが怖かったのです。

事実を公表するのが「怖かった」とA3佐はいう。しかし告発を決断する。きっかけは、「インド洋給油事件」だった。

二〇〇七年一〇月、海上自衛隊の補給艦が、実際は米軍艦艇に八〇万ガロンを給油したのに、「二〇万ガロン」と偽っていたことが発覚しました。海自が国民に謝罪しているのを見て、今後、防衛省や海上自衛隊は、嘘が発覚すれば正直に認めるのではないかと期待したのです。

A3佐が最初にとった行動は「公益通報」だった。公益通報とは法律で保障されている内部通報制度のことである。

二〇〇八年七月、私は「艦内生活実態アンケート」が隠されている件について公益通報をしました。ところが、二〇〇九年一月、「そのような事実はない」という結論が出ました。

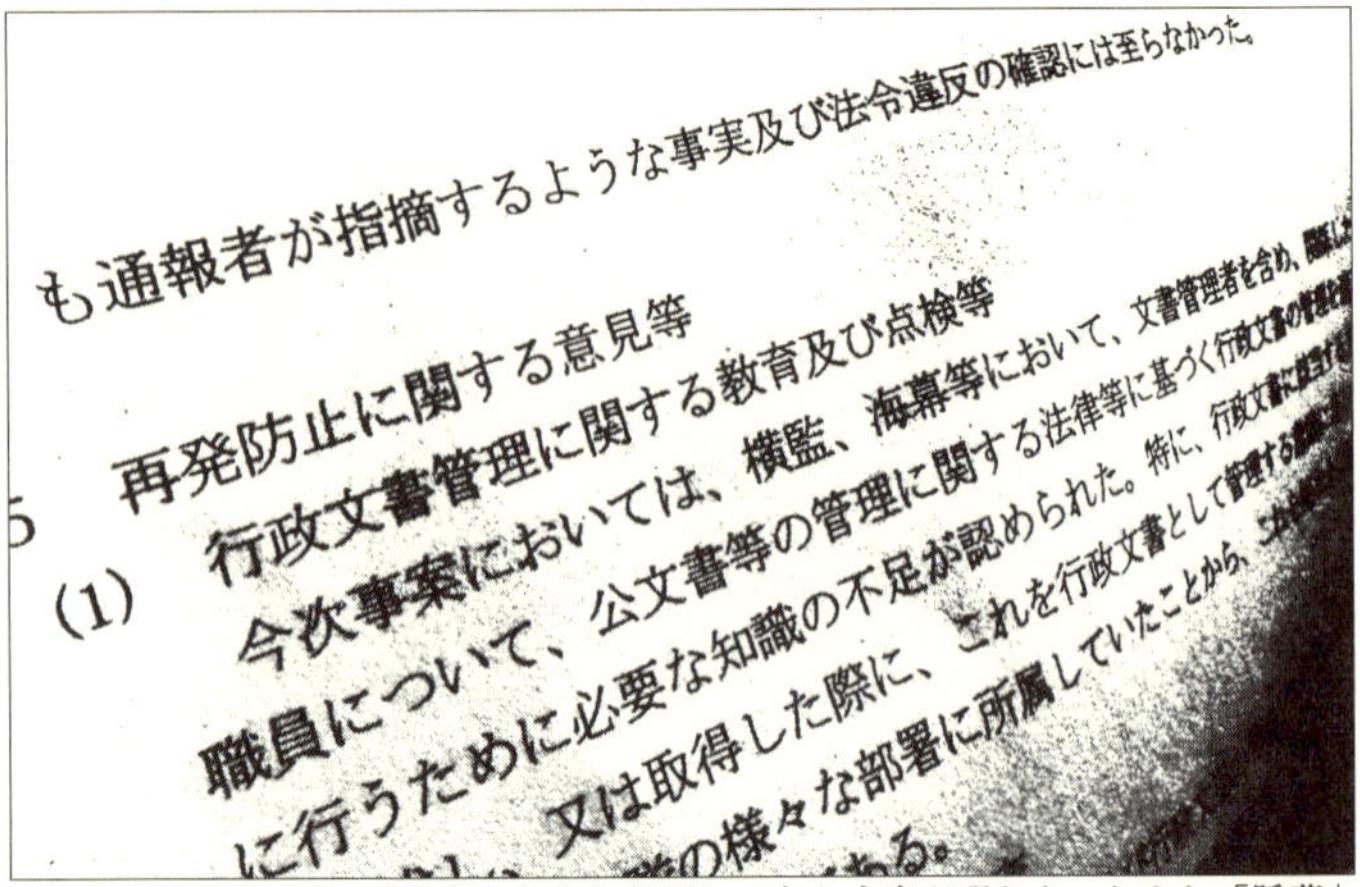
も通報者が指摘するような事実及び法令違反の確認には至らなかった。

5　再発防止に関する意見等

(1)　行政文書管理に関する教育及び点検等

今次事案においては、横監、海幕等において、文書管理者を含め、

職員について、公文書等の管理に関する法律等に基づく行政文書の

に行うために必要な知識の不足が認められた。特に、行政文書に

又は取得した際に、これを行政文書として管理する

様々な部署に所属していたことから、

A３佐の告発により、「破棄」したと説明してきた文書が現れた。しかし「隠蔽」ではないと防衛省はいう（内部調査報告書）

一度嘘がばれたぐらいで組織が変わるということを期待するなんて、私がバカだったのか――そう思いました。

公益通報は不発に終わった。それでもあきらめなかった。次の手段は情報公開請求だった。自衛隊が「破棄した」と説明してきた文書の一部について、A３佐は自ら情報公開請求を行う。

結果、「ご遺族への対応」と題する一枚の文書が開示された。自殺直後、遺族が「たちかぜ」を訪れた際の報告書である。自衛隊はこれまで「不存在」と説明してきた。それがじつは存在していることが証明された。「そのような事実はない」という公益通報調査の誤りは明らかだった。

公益通報の調査をまとめたのはV１佐、警務官として「たちかぜ」の捜査をした人

物です。現在はたちかぜ訴訟を担当しています。つまり、彼には何もわかっていなかったということが証明されたのです。

それでもなお、ことは変わらなかった。横浜地裁の法廷で国側は、まるで何ごともなかったかのように「アンケートは破棄した」との主張を繰り返した。

思いあまった挙句の最後の手段が「甲八三号証」だった。遺族側の弁護士に事情を打ち明け、法廷に暴露したのである。そこまでの決心をした胸中が陳述書の最後に書かれている。

私は元国側代理人として、国が敗れることを望んでいるわけではありません。賠償金が国民の税金から払われるのが申し訳なく、少ないに越したことはないと思います。しかし、嘘をついてまで、文書を隠してまで裁判に勝利してよいのでしょうか。責任を免れない部分については国民の皆様に頭を下げて負担をお願いするのが筋じゃないでしょうか。その上で求償権※の行使に努めるのが筋ではないでしょうか。

防衛省・海上自衛隊をはじめ行政庁が嘘をつけば、国民はそれを前提に意思決定することになり、民主主義の過程そのものがゆがめられます。今からでも遅くはないので嘘をついていた（隠していた）ことを認め、文書を出してください。

※求償権：この場合、国が負うべき損害賠償について、その原因をつくった公務員に対して国が賠償請求する権利。

以上が「甲八三号証」の内容である。

## 突如「発見」された「アンケート」

元国指定代理人A3佐の告発がはじめて世に報道されたのは、「甲八三号証」の提出から二ヶ月が経った六月一五日のことだった。雑誌『週刊金曜日』に「現職3佐が実名告発」と題する短い記事が掲載された。このときまでメディアは一行も報じていなかった。「甲八三号証」が不発になれば早々に結審し、原告に不利な判決が出るのではないか――筆者はそんな危惧を抱いていた。そこで『週刊金曜日』編集部と相談して記事にしたものだった。

鈴木裁判長は明らかに「アンケート」に深入りするのを躊躇していた。たとえば冒頭で紹介した第五回口頭弁論の法廷で、こんな一幕があった。

**岡田尚弁護団長**　アンケートなどの文書が存在するのは明らかです。開示するよう国側に勧告したらどうですか。

**鈴木裁判長**　勧告はしません。

このとき鈴木裁判長はA3佐の陳述書を読んでいたはずだった。読んだ上で「(開示するよう)

勧告しません」と言った。まるで「アンケート」の嘘を知った上で黙殺を決め込んだかのような、不可解な訴訟指揮だった。

しかし世論は「黙殺」を許さなかった。『週刊金曜日』の記事から三日後、六月一八日の新聞各紙の朝刊は、軒並み一面でA3佐の告発を大きく報じた。折しも第六回口頭弁論の朝だった。東京高裁に集まった傍聴人の話題は「甲八三号証」で持ちきりだった。

七一七号法廷には、前回にも増してこわばった表情の鈴木健太裁判長と国側代理人の姿があった。開廷してすぐ、鈴木裁判長は休廷を言い渡して奥に引っ込んだ。再び出てくると「審議続行」を告げた。事務的に手続きを済ませ、次回期日を決めて閉廷した。

「鈴木裁判長はおそらく結審するつもりだった。報道されて騒ぎになったからやめたのだろう」

閉廷後の集会で弁護団長の岡田弁護士は語った。筆者もそう思った。

防衛省に動きがあったのはさらに三日後の六月二一日のことである。「艦内生活実態アンケート」が見つかったと発表した。七年間にもわたって「破棄」したと言い張ってきた文書が突如現れたのだった。

防衛省の公式な釈明は、その後まとめられた「『アンケート問題』に関する調査報告書」に説明されている。骨子は次のとおりだ。

・アンケートは横須賀総監部に在籍していた隊員が持っていた。内部調査の責任者だったY

1佐が持っていたものが、退職後に引き継がれて保管されていた。
・アンケートを「破棄」したと説明してきたのは、これをY1佐が「行政文書」ではなく「個人文書」として扱っていたためである。それゆえ見つからなかった。意図的に隠したわけではない。
・アンケートには「使用済み破棄」との表示があった。本来破棄すべきところ、Y1佐は「個人文書」として保管していた。なぜ保管していたのかは不明である。文書管理に不備があった。
・数ヶ月前に「アンケート」が存在していることに気づいた隊員がいたが、言い出せなかった。

「下資料は破棄しないように」とA3佐が監察官講習で発表した件について、報告書はいっさい触れていない。報告書の「案」が何度も作り直された経緯もよくわからない。訟務検事のことも不問。一部の隊員に責任をなすりつけて自衛隊上層部と訟務検事を守ったのではないか——甲八三号証と読み合わせてみれば、筆者ならずともそんな疑いを持つことだろう。

「隠蔽したわけではない」

続く法廷で国はそのような主張を始めた。しかし遺族も弁護団も納得できるはずがない。A3佐やY1佐、J訟務検事らの証人尋問を請求した。また「アンケート問題」を徹底的に追及するべく、追加提訴もした。国が文書を隠してきたことによって苦痛と損害を受けたという訴えである。
「たちかぜ」事件は、古参隊員よる部下「虐待」という次元を超えて、より大きな事件に発展した。真相を知りたいという遺族の願いを込めて、東京高裁で現在も審理が続いている。

（注1）『自衛隊員が死んでいく』第2章「暴力護衛艦『たちかぜ』——旗艦の実像」参照。

（注2）筆者の手元に「陳述書」の複本はない。また、告発をしたA氏とも面識はない。「取材者と密かに接触して情報を流した」などと告発をよく思わない者たちから難癖をつけられ、不当人事などの嫌がらせを受けることもあり得ると考えて、あえて距離を置く取材姿勢を取った。

また匿名にしたのは以下のような事情による。

当初、筆者はA氏の名前を明らかにして雑誌『週刊金曜日』に記事を書いた。

①3佐という高級幹部自衛官であり、人事異動や情報公開でも通常氏名が公表される立場にある、②国賠訴訟の国側指定代理人として訴訟記録にも名前が出ている、③陳述書はすでに公開の法廷に出されている、④告発対象の防衛省はA氏の行動を認識している、⑤本人に不名誉な話ではない、⑥プライバシー侵害の恐れはない、⑦告発内容に高い公益性がある、⑧告発をきっかけとする不当人事・パワハラを回避するためには実名報道のほうが効果的と考えられる——といった判断からだった。しかしその後、A氏の代理人弁護士から「匿名にしてほしい」との要望を正式に受けた。そこで本人の意向を尊重して本書では匿名表記にしたものである。

（注3）『悩める自衛官』第2章「護衛艦『さわぎり』自殺事件」参照。

# 第1章

# 濡れ衣

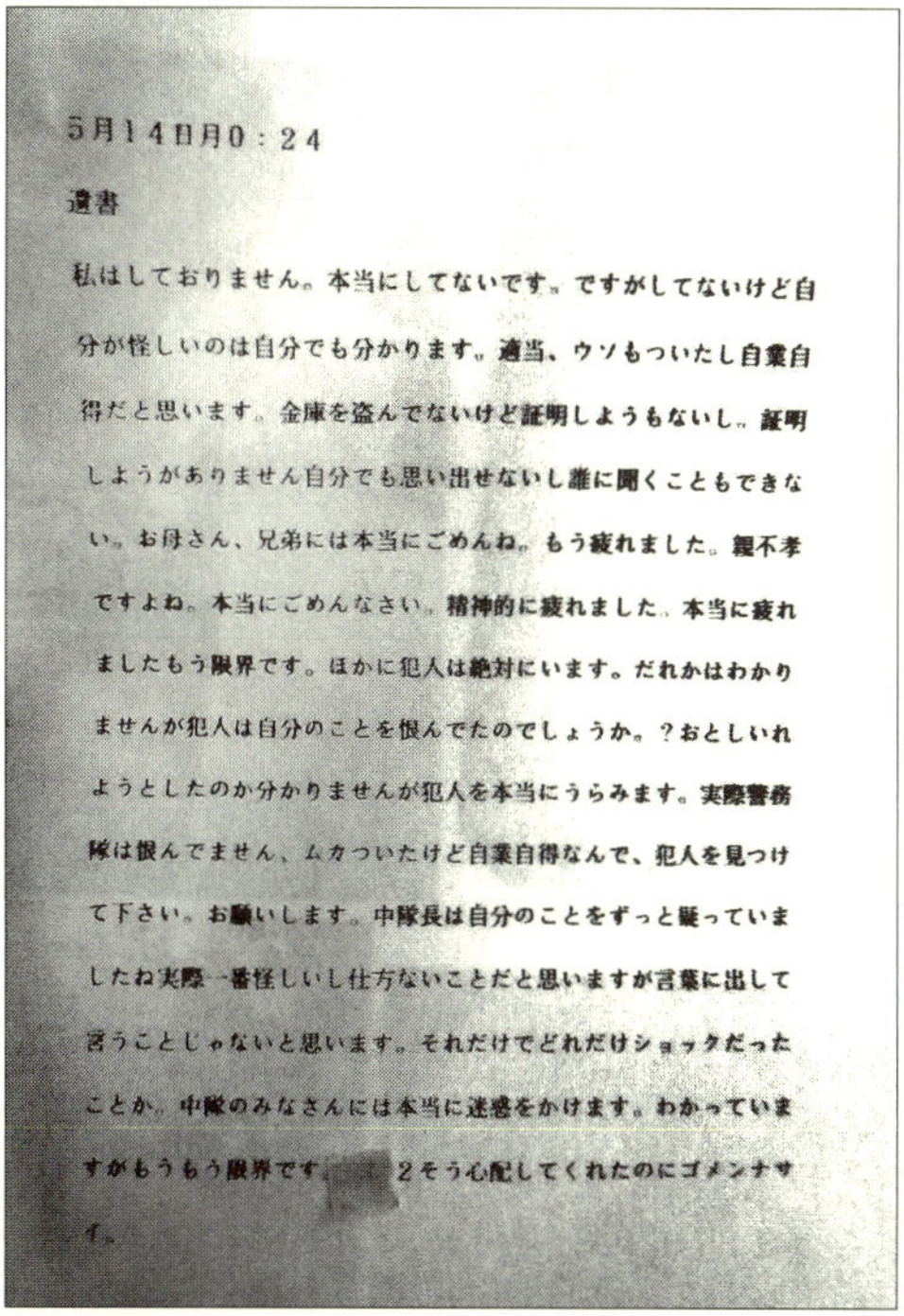

5月14日月0：24

遺書

私はしておりません。本当にしてないです。ですがしてないけど自分が怪しいのは自分でも分かります。適当、ウソもついたし自業自得だと思います。金庫を盗んでないけど証明しようもないし。証明しようがありません自分でも思い出せないし誰に聞くこともできない。お母さん、兄弟には本当にごめんね。もう疲れました。親不孝ですよね。本当にごめんなさい。精神的に疲れました。本当に疲れましたもう限界です。ほかに犯人は絶対にいます。だれかはわかりませんが犯人は自分のことを恨んでたのでしょうか。？おとしいれようとしたのか分かりませんが犯人を本当にうらみます。実際警務隊は恨んでません、ムカついたけど自業自得なんで、犯人を見つけて下さい。お願いします。中隊長は自分のことをずっと疑っていましたね実際一番怪しいし仕方ないことだと思いますが言葉に出して言うことじゃないと思います。それだけでどれだけショックだったことか。中隊のみなさんには本当に迷惑をかけます。わかっていますがもうもう限界です。[redacted]２そう心配してくれたのにゴメンナサイ。

上田大助さんの遺書。「おとしいれようとしたのか分かりませんが……」と疑問をつづっている（遺族提供）

## 1　二五歳自衛官を自殺に追い詰めた警務隊の濡れ衣捜査

駅前は閑散としていた。涼しい風がここちよい。辺りで高い建物はショッピングセンターだけだった。白く塗りつぶされた看板にサビが浮いている。壁のヒビが遠目からもわかった。北海道東部のT市を訪れたのは二〇一二年五月のことであった。私たちは客がまばらなショッピングセンターの暇そうな食堂に入り、コーヒーを注文した。

二五歳で自殺した自衛官・上田大助さんの母親と知り合ったきっかけは、彼女が筆者のブログに書き込んだ一文だった。

〈息子は警務隊と中隊長のせいで、自死しました〉

今晩は。

始めてコメントします。

五年前の事ですが、三宅さんに、打ち明けたくおもっています。

三年前に裁判に出そうと思いましたが、弁護士さんから、警務隊がからんでいるので、難しいと言われ、止《や》めました。

しかし、事件はうやむやのままで、葬られ、くやしいので、ブログを立ち上げ、公にする事がせめてもの、親が息子に出来る、供養に成るとの思いで、やっています。

もし宜《よろ》しかったら、見て下さい。


案内されていたブログを見た。主宰者は「スミエピーター」。プロフィールにはこうあった。

二〇〇七年五月一四日に、私の次男「大助」が突然、自死を選び、この世から居なく成ってしまいました。二五才でした。

あれから今年で、五年になります。私の胸の奥に、秘めて来た思いは時間の経過とは関係なく今も鮮明に、彼は存在しています。彼が好きだった黒猫のピーターは今年で一〇才になる。


すぐに返信を書き込んだ。

「よかったらお話を聞かせていただけませんか」

連絡はすぐについた。話をしてもよいという。運よく数日後に札幌へ行く予定があった。T市までは車で二時間ほどの距離だ。足を伸ばすことはできる。こうして私たちは会うことになったのである。

コーヒー店でひとしきり母親の話を聞いた後、日をあらためて大助さんの実姉からも聞いた。

以下は、そうやって知った一家の物語である。

## 警務官は震えていた

悲劇は二〇〇七年五月一四日月曜日、北海道名寄市にある陸上自衛隊第二特科連隊第二大隊第×中隊で起きた。この日の早朝、カマボコ型をした屋内訓練場の中で上田大助3曹が首を吊っているのが発見された。病院に運ばれたが時遅く、死亡が確認された。

警務隊の調べでは、死亡推定時刻は午前五時ごろ。大助さんは「営内舎」という駐屯地内の宿舎で生活していた。営内舎と訓練場までの距離は数百メートルほどある。ほかの隊員が起床する前に営内舎を抜け出し、屋内訓練場へ入って自殺を決行したものらしい。

自殺に使われたロープの上端は、訓練場の床から三メートルもの高い位置に結ばれていた。誰の目にもすぐにとまる場所だったことから、「抗議の意味を込めた自殺だったに違いない」と遺族は現場を見て思ったという。

「抗議」の自殺だった可能性は遺書からも伺える。

遺書は大助さんが持っていた携帯電話に残されていた。作成時刻は五月一四日午前零時二四分。死亡推定時間の四時間ほど前にあたる。送信された痕跡はなく「原稿」のままデータで保存されていた。

遺書

私はしておりません。本当にしてないです。ですがしていないけど自分が怪しいのは自分でも分かります。適当、ウソもついたし自業自得だと思います。金庫を盗んでないけど証明しようもないし。証明しようがありません。自分でも思い出せないし誰に聞くこともできない。お母さん、兄弟には本当にごめんね。もう疲れました。親不孝ですよね。本当にごめんなさい。精神的に疲れました。本当に疲れましたもう限界です。ほかに犯人は絶対にいます。だれかはわかりませんが犯人は自分のことを恨んでたのでしょうか？

おとしいれようとしたのか分かりませんが犯人を本当にうらみます。実際警務隊は恨んでません、ムカついたけど自業自得なんで、犯人を見つけて下さい。お願いします。

（後略）

「していない」

「金庫を盗んでない」

「もう限界です」

「犯人を見つけて下さい」

——意味ありげなこれらのメッセージに遺族は思い当たる節があった。亡くなる一〇日ほど前の五月初め、大助さんは実家に帰省した。その直前に妙な電話があったという。大助さんの

在りし日の上田大助さん。何年たっても悲しみは癒えないと遺族は嘆く（遺族提供）

姉が振り返る。

「大助から電話があったのは四月下旬のことでした。用件は五月の連休の予定についてだったんですが、いまちょっとしたことがあって連休は帰れないかもしれない、いや帰れると思うけど、と変な言い方をしたんです」

　帰るのか帰らないのか。煮え切らない口ぶりに姉は奇妙な感じを受けた。大助さんは家族思いである。里帰りを欠かしたことはなかった。駐屯地から実家までは車で数時間、決して遠距離ではない。

「何かあったの？」

　姉は尋ねた。だが「帰ったら言うよ」と思わせぶりな言い方しかしなかった。

　結局、電話から数日後の五月二日、大助さんは帰省した。家族に見せた顔は元気そうだった。

　この晩は実家に泊まった。そこで母親に「事件」のことを打ち明けている。

「おれ金庫番してて、金庫なくなってた。心配しなくていい」

　ごく簡単にそう言ったという。母親は気になったがさほど重大には受け止めなかった。

　翌五月三日は実家近くにある姉の家に泊まった。姉にも事件のことを話している。内容は母親に語ったよりも詳しい。

〈僕が管理を任されていたのは×中隊の部屋にある大金庫だった。金庫の中に手提げ金庫があった。手提げ金庫には二〇万円ほど入っていた。金は隊の互助会費だった。

四月二〇日の朝、僕はいつものように大金庫の鍵をあけて中を点検した。すると手提げ金庫がなくなっていた。上司に報告した。すると○中隊長から個室に呼ばれて「お前が盗ったんだろう」と責められた。違うと言った。連休は帰省できないかもしれないと覚悟した。でも最終的に「帰っていいよ」と言われたので帰ってきた〉（姉の証言より）

姉の目にもやはり深刻な様子には見えなかった。

## 金庫番着任の直後に事件発生

大助さんは地元の高校を卒業した後、家族に勧められて自衛隊に入った。就職難のなか、選抜試験の難しい「曹候補学生」という枠で入隊した。家族が感じていたところでは、人間関係に問題はなさそうだった。

二〇〇六年の春、入隊七年目にして3等陸曹に昇任した。3曹というのは中堅管理職的な階級だ。それまでは士長という任期制の階級だった。3曹からは定年制だ。生活はより安定する。

3曹昇任から一年後の二〇〇七年春、大助さんは部隊の金庫当番を命じられた。「盗難事件」はそれからわずか二〇日後のことだった。3曹に昇任しなければ金庫当番はなかった。そして命を落とすこともなかっただろう。

ここで筆者はひとつの疑問を覚える。金庫番という重責を担ったばかりの若い隊員が、自分が管理している金に手をつけるという大胆なことをするものだろうか。遺族も同様の不審を感じていた。

「カネ目当てで盗んだのではないよ」

母親によれば、大助さんはそう話していたという。

「お金がほしかったら盗むんじゃないの？　と私は言ったんです。すると息子は『いや違う。誰が二〇万円くらいのカネでこんな疑いかけられるようなことをするのか』と……」

先に紹介した遺書のなかにも気になる記述がある。

「だれかはわかりませんが犯人は自分のことを恨んでたのでしょうか？　おとしいれようとしたのか分かりませんが犯人を本当にうらみます」

何者かによって罠にはめられたのではないか――そんな可能性を、少なくとも大助さんが感じていたことは間違いない。

帰省したときは元気そうにみえた大助さんだが、後から思えば様子がおかしかったと家族は振り返る。五月四日の朝、大助さんは姉の家で起床した。そのときの出来事を姉が話す。

「朝食を食べなかったんです。前夜のおかずがハンバーグだったので、ハンバーガーにしようか、と言ったんです。そうしたら食べないって。えっと驚きました。そんなこと初めてですので。聞いたら最近あまり食欲がないって……」

朝飯を抜いたまま大助さんは早々に帰り支度をした。

「帰らなきゃ、帰れって言われている。そう言って家を出たんです。私は弁当を作って持たせました。食べたかどうかはわかりません……」

大助さんは駐屯地へ向かった。身長一八七センチ。姉が見送った長身のその背中が、肉親にとっての最後の姿だった。以後、自死する五月一四日まで一〇日間、大助さんと家族の間に通信はない。

「電話をすればよかった」

「なぜ連絡してくれなかったのか」

母親は繰り返す。

## 金庫を持ち出したのは誰か

何があったのか教えてほしい、遺書にあることの意味が知りたい――遺族は陸上自衛隊に対して再三説明を求めてきた。反応はなかなか要領を得なかった。ようやく説明らしい説明が得られたのは半年後のことだった。

二〇〇七年一一月、国澤輝生・第二師団司令部幕僚長をはじめとする幹部が実家を訪れ、説明を行った。陸自幹部の一行は説明用の文書を携えていた。それをもらえないかと遺族は頼んだ。だが国澤幕僚長らは文書を渡すことを拒んだ。遺族は仕方なく口頭の説明を書き留めた。遺族の覚書によれば、自衛隊が説明した内容は次のとおりである。まずは手提げ金庫紛失のいきさつからである。

**①手提げ金庫紛失の経緯（二〇〇七年四月二〇日）**

**午前七時ごろ**　中隊長補佐が大金庫を開けて現金・通帳・手提げ金庫・鍵を確認した。

**午前七時四〇分**　上田大助3曹が大金庫を開け、仕事のために手提げ金庫と鍵を取り出そうとした。その際、手提げ金庫がないことに気がついた。手提げ金庫には互助会費約二〇万円が入っていた。

**午前七時四七分**　上田3曹が、手提げ金庫の紛失を上司に報告する。

この説明によれば、手提げ金庫が最後に確認されたのは四月二〇日午前七時ごろで、紛失に気づいたのが同四〇分。犯行はこの四〇分の間に行われたことになる。

続いて警務隊の捜査状況に関する自衛隊の説明をみてみよう。

**②捜査状況**

**四月二一日**　中隊の隊員全員に対して事情聴取を行った。

**四月二二～二七日**　一部隊員に対する事情聴取を行った。

四月下旬というのは、「いまちょっとしたことがあって連休は帰れないかもしれない」と大助さんが姉に電話をかけてきた時期と重なる。「（上司のO中隊長に）お前が盗ったんだろう」と詰問されたのもこのころだろう。

もし、中隊長が部下を詰問していたとすれば、これはおかしいのではないかと筆者は思う。中隊長に捜査権限はない。それどころか金庫の鍵の管理者である。つまり捜査対象になるべき立場にある。その人物が「お前が盗ったんだろう」と詰め寄ったとすれば、明らかに越権行為だ。

なお、O中隊長に対する遺族の印象はすこぶる悪い。これについては後述したい。

さて、自衛隊の説明は、大助さんに対する取り調べ状況に移る。

**③取り調べ状況**

**五月一〇日**　取り調べ　午前八時～午後八時、ウソ発見器使用
**五月一一日**　取り調べ　午前八時三〇分～午後八時二〇分
**五月一二日**　取り調べ　午前八時三〇分～午後八時二〇分
**五月一三日**　取り調べ　午前八時三〇分～午後八時二〇分

四日続けて取り調べがなされ、五日目にあたる五月一四日の早朝、大助さんは自殺する。一日あたりの取り調べ時間はざっと一二時間。四日間の合計はざっと五〇時間に及ぶ。また取り調べの中でウソ発見器（ポリグラフ）が使われていたこともわかった。証拠能力は無く、しばしば自白の強要に使われる道具だ。

「五〇時間」を聞かされたとき、母親はショックのあまり取り乱したという。

「金庫を盗んでないけど証明のしようもないし」

大助さんは遺書に書いていた。いくら無実を訴えても信じてもらえない。追い詰められ、苦しむ息子の姿が、母親にはあまりにも生々しく想像された。

## 私物検査を受けなかった者

金庫番を任されたばかりの隊員が自分の管理する金庫に手をつけるものだろうか。盗難事件というのは本当なのか――この疑問は、自衛隊の説明によってより深まった。

大助さんは営内舎で生活していた。外出する際には許可がいる。そして自衛隊の説明によれば、「金庫紛失」事件が起きた四月二〇日から五月二日に帰省するまで、大助さんが外出した記録はない。ということは、もし大助さんが盗んだのであれば、金庫は駐屯地のどこかに残っているはずだ。

事件発覚後、駐屯地の捜索が行われた。大助さんも私物検査を受けた。結果、手提げ金庫も現金も見つかっていない。つまり、手提げ金庫は駐屯地の外に持ち出された可能性が高い。では誰が持ち出したのか。金庫を外に運べるのは外出した人間しかいない。共犯者がいない限り、営内舎に留まっていた大助さんには無理な話である。

「（警務隊の取り調べは）行き過ぎたと思う。大助君は犯人ではありえない。外出していない。犯人は外に出ることができた人間だ。外に出た人間が何人かいる。その中に犯人はいる」

遺族によれば、国澤幕僚長はそう話したという。取り調べの責任者である警務隊長も、後に母親がただしたところ「やりすぎました」と非を認めたという。

常識的に考えれば、事件発覚前後に外出した者で、かつ大金庫の鍵を扱える者がまず疑われなければならない。そして直属の上司であるO中隊長がそれに該当する。金庫の管理者だった大助さんが調べを受けるのは当然だとしても、O中隊長も同様に調べを受ける立場にあった。だが、自衛隊の説明によれば、O中隊長に対しては私物検査がされていない。その人物が「お前が犯人だ」と大助さんを責め立てているのだから不自然きわまりない。

金庫紛失事件と関わりがあるか否かは別にして、遺族の目にO中隊長の言動が異常に映ったことは確かだ。

大助さんが自殺した――二〇〇七年五月一四日、姉に電話をかけて一報を知らせてきたのはO中隊長だった。その口調に強い違和感を覚えたという。

「お亡くなりになりましたと中隊長は電話口で言ったんですが、その口ぶりがとても横柄だったんです。人を小バカにした感じでした。『お母さんにも私から電話します』とO中隊長は言いましたが、とんでもないと思ってやめてもらいました。そんな失礼な言い方で大助の死を母に伝えてほしくなかったからです」

娘の電話で急を知った母親は自衛隊の車で駐屯地に駆けつけた。そこで母親はO中隊長と会うのだが、彼女もやはり悪い印象を持った。

「自衛隊から迎えの車が来て、高速道路を走って名寄駐屯地に行きました。隊に着いたのは午後二時半くらいだったと思います。そこで遺体となった大助に会いました。それから大隊長の部屋へ通されました。私の前に四人の隊員が並んで座りました」

四人のひとりがO中隊長だった。ほかに大隊長と、取り調べを行ったという警務官二人がいた。警務官らは震えていた。

「二人いた警務官が震えているんです。なぜ私の顔をみて震えるのか不思議でした。後から取り調べのこととかいろいろわかってくると、ああ『失敗した』と彼らは思っていたんだなって、今は思います」

そして話を聞きはじめたとたん、母親はO中隊長の態度に驚いた。

「『僕は五月一三日（自殺の前日）まで外出していたので、何があったかまったくわかりません』――中隊長は私に向かっていきなりそう言ったのです。自分は全く関係ない、部外者だという口ぶりでした。上司として頭を下げるのが普通じゃないか、そんなことを言う立場じゃないだろうとむっとしました。自分の部下が死んだのに『知りません』『存じません』という言葉が最初に出てくること自体、責任逃れとしか思えません」

隊員はたくさんいるので一人ひとりの様子を観察することはできない、上田3曹のことは覚えていない——そんな内容のことも話したという。息子の遺体を見た衝撃と重なって、母親は激しく動揺した。

O中隊長についての記憶はまだある。「生命保険」をめぐる出来事だ。

「大助の遺体を家に連れて帰って、五月一六日に通夜をやりました、そこへO中隊長が書類を持ってやってきたんです。生命保険の書類でした。そこにサインするよう求めてきたんです。私たちはサインしました。息子が死んだショックで何がなんだかわからない状態でした。そのときの中隊長の様子が、なんか上機嫌にみえたんですね。ニコニコした感じで。なんだこの人間は、何考えているんだろうとすごくいやな気分になりました」

通夜の席で両親は大助さんの遺書を読み上げた。O中隊長は最後まで聞かずに帰ってしまった。翌日の葬儀には多くの同僚たちが列席した。中隊長の姿はなかった。

「一連の不自然な行動や言動みていると中隊長が犯人じゃないかとすら思えてくるんです」

金庫の管理者責任を問われる中隊長が犯人だとは、筆者には思えない。しかし、遺族が疑いたくなるのも無理はない。

## 悲しみは癒えず

一時は裁判を考えて弁護士にも相談した。何より真相が知りたかった。だが結局提訴には至らず三年の公訴時効を迎える。時間が解決するというのは嘘であると遺族は知った。五年が経ったいまも痛みはまったく癒えることがない。生命保険のお金は入った。しかし何の慰めにもならない。

「世の中にこんな悲しいお金があるんだなって……宝くじに当ったのなら万歳して喜ぶんだけどね。息子の命と引きかえだもの。これがあの大事な息子の命の値かと思ったらね。安すぎる。何億円積まれようが安すぎる。お金なんかいらないんだから」

穏やかで優しい子だった。親子げんかしていると、「お母さんとどうなんだ。仲良くやれよ」と兄弟にメールを送ったこともある。

「天使みたいな子だったねと家族で話している。優しすぎた。甘えてほしかった。じつはこうなんだ、母さん助けてくれと言ってほしかった。頼りがいのない親かも知れないけど、もし電話があったら夜中でも車を飛ばして行って、門の外で『早まるな』って叫んだのに……」

幼いころは病弱で手のかかる子どもだった。喘息の持病があった。

「大助が病気のときは、いつでも起きれるように服きたまま寝てね。北海道の冬は寒いでしょ。夜中に水枕取り替えて。そうやって育ててきたんです」

やっと元気になって、高校に行って勉強できるようになった。好きな彼女もできた。結婚するのは姉兄弟のなかで一番早いだろうと楽しみにしていた。

「その大事な大事な命をさ、ね、どんなに守ってね、いままで育んできたのがね。一瞬にして、消えてしまったのよね。花火のようにバンと。その親としての辛さっていうのはね、五年経ったってね、時間はね、解決っていうのは何もないよね。悲しみは同じだから。消えないですよ。ずっと。悲しさと悔しさと、それから後悔と。この三つ、私は死ぬまでもっていくなと思っています」

苦しい心の内を遺族は長い間他言することなく過ごしてきた。言ってはいけないと考えて、秘密にし、我慢してきた。自衛隊で起きたことは漏らしてはいけないと思い込んでいた。その気持ちが変わったのは、事件から五年目を前にした二〇一二年初めのことだった。

「ふと疑問に思ったんですよ。息子も私も何も悪いことしていないのに、なぜ隠して、ばれないように、人に言わないで、いまを生きているんだろうと。自分ですごく疑問に思ったんですよ」

ブログを開設して大助さんの写真を載せた。「一緒に生きて行こうね／亡き愛する息子の思い出と日々の心情を綴る、自衛隊員・自死遺族のブログ」と題をつけた。母親はそこで、長年こらえていた思いを少しずつ語ることを始めた。

最初の投稿は、「札幌こころのセンター」（札幌市精神保健福祉センター）に電話をかけた話だった。

〈札幌こころのセンター〉

今日、初めて、こころの内をどなたかに、聞いていただきたくて、「札幌こころのセンター」に電話を入れた。やさしい語り口調の婦人が相手をして聞いて下さいました。ありがたかったです。

♪気持ちが少し救われました。♪

「またいつでも、かけて来ていいですから」とおっしゃっていました。そういう所があると思うだけでも、とても心の支えになります。他人の方に、心情を聞いていただいたのは、亡くなって四年ぶりの事です。

私の回りに話せる人はほとんど、(家族以外)親友の一人くらい除いては居ない。重たい内容なので、迷惑をかけると感じてから、ここ数年はほとんど、自分の胸にしまい込んで来ました。話せないとつっぱって！　気をはって無我夢中で、今まで生きて来ました。私がまるで、何か悪い事でもしたかのように。……今日は特に、心が重たくて、重たくて、大助に会いたくて会いたくて！　心の目から涙が出ているようです。抱きしめたい。

あなたの苦しみに気づいてあげられなくて悔しい。こんな事思ったって、あなたが帰って来る訳じゃないものね。ごめんなさい。「いいかげんにしなよ！」って、怒ってるかな?

また明日から母さん頑張るから。

……今日から始まったブログです。見ていただいてありがとうございます。

（二〇一二年二月二一日　二三時〇〇分）

祥月命日の六月一四日には、親子の歴史を率直につづった。

〈親子の縁〉

今日は大助の月命日の日です。缶ビールを買って来てお供えしました。朝のお祈りの時、走馬灯のように、大助の色々な顔が心に現れて来ました。

五年経っても、はっきり心に出て来る、大助の笑顔……

現実に、目の前に見る事が出来ないと言う事が、不思議に思う……

こんなに愛おしく思う、子供って、不思議な縁だ。

私は父親を事故で亡くしているが、父には申し訳ないが、大助が亡くなってから、あまり父を思い出さなく成っている。それまではよく、父を思っては、祈っていた。

母が昔､言っていた。「順送り」と。「順送り」ではなく､私を飛び越して､息子が先に逝ってしまった！

親になると、誰もが子供の事が一番となる。父に「ごめんね、大助がそっちに行ってしまったから、仲良くしててね。大助を、支えて、お願いね」……の気持ちです。

私には、他に娘（一人）、息子（二人）がいる。娘が一番上で私が二六才の時の子。最後の三男は三五才の時の子です。九年間で四人の子を産み母親に成りました（筆者注　大助さんは四人きょうだいの二男）。

私は幼い頃、兄弟愛に飢えていました。いつも一人ぼっちでした。母違いの姉が居ましたが、姉が私を嫌っていて、一緒に遊んだ記憶がありません。大人になって、もっと疎遠に成って行きました。

自分自身の寂しさもあり、三人は産もうと決めていました。現実、四人産んだので、理想以上になったのは、幸せな事でした。病気や経済面に苦労が有りましたが、四人とも、健康で、真人間に成長してくれた事が、私の誇りです。

もっと沢山の子宝を産み育てて居る方もいらっしゃいます。私の力量では、四人が精一杯でした。今振り返っても、よく出来たな！　と、思います。若さですね。四人が私の宝です。

この子達をこの世に送る為に、自分は生まれて来たんだと思いながら育てました。上の子が中学、高校の多感な頃が一番、家庭が混乱して居た時期です。夫婦不和と、夫の子供への虐待があり（私が仕事でいない時）、結婚一八年で離婚しました。子供達にとっては良い親ではなかったと思います。

そんな家庭でしたが、兄弟が支え合っていたので、頑張ってまっすぐ成長してくれました。私は子供達に感謝の気持ちでいっぱいです。未熟な人間の私を大人に成長させてくれたのですから（再婚した夫からは子供っぽいと言われていますが）。

四人の子供達は、私の大切な、大切な、宝です。

でも、その大切な宝が、一人欠けてしまいました。

疎遠な姉に、「他の三人が居るのだから、良いでしょ」と言われました。私は、「子供を失っていない、あなたには、私の気持ちなど解らないでしょう」と心の中で、叫んでいました。

昔の人が言っていた話に、五本の指に子供を例えて、「どの指を切っても痛くない指はない」と。親にとっては、どの子を失っても辛い事なんです。何人いても、失ってしまった子の代わりは居ないんです。

「今日も長くなりました。最後まで見て下さいまして、ありがとうございます。大助の家族の応援、宜しくお願い致します」——書き込まれた時刻は二〇一二年六月一五日午前零時五二分、この日も丁寧な言葉で締めくくられていた。

陸上自衛隊によれば、名寄駐屯地の「手提げ金庫紛失事件」は今でも「捜査中」だという。

国澤輝生・元第二師団司令部幕僚長はすでに退職しており、日立国際電気の嘱託職員に再就職していた。通信システムや監視カメラを自衛隊や役所に納入している旨、同社のホームページに案内があった。

## 2　釧路駐屯地糧食班冤罪事件

四五歳の夏まで横山利弘さんの生活はおおむね順調だった。高卒で自衛隊に入隊して以来二〇余年、成績も人間関係も良好で、調理専門の2等陸曹として充実した気分で仕事に励んできた。

釧路駐屯地糧食班に配属されたのは二〇〇九年三月のことだった。昔は隊員自ら調理をしていたが、最近は民間委託が主流となっている。釧路も数年前から民間委託に移行した。横山さんに任された仕事とは「監督官」、つまり委託した給食業者の監督役だった。

新しい職場にはすぐ慣れた。問題なく一年あまりがすぎ、二〇一〇年の夏がきた。この年の夏のボーナスは六月三〇日に支給された。その約一ヶ月後、事件が起きた。

「現金を盗まれた」

M2曹という同じ職場の女性隊員がそう訴え出たのだ。横山さんの人生はここから狂い始める。以下、証言や訴訟記録を頼りに事件をたどりたい。

### 糧食班の「現金紛失」事件

被害者のM2曹は横山さんの後輩にあたる。糧食班に着任したのは二〇一〇年三月、ちょうど横山さんの一年後だった。もっぱら食材の発注作業を担当していた。

その彼女が受けた盗難被害とは、警務官とのやり取りを通じてわかったところでは次のような内容である。


〈駐屯地のＡＴＭで四〇万円を下ろして事務机の下に設置された鉄製キャビネットの引き出しに入れていた。それが無くなった。引き出しに鍵はかかっていなかった〉

お金を下ろした日時ははっきりしないが、ボーナスが出た直後とみられる。何に使うつもりで金を下ろしたのか、目的も明らかにされていない。

横山利弘さんが濡れ衣に苦しめられた釧路駐屯地。昔、窃盗容疑でクビになり「俺はやっていない」と叫んで出て行った隊員がいたという

「引き出しに入れたはずの現金が無くなっている。盗まれた」

Ｍ２曹が上司にそう報告したのは一ヶ月近くたった七月二〇日。被害届はさらに二週間後の八月三日。なぜそんなに時間がかかったのか、この点もよくわかっていない。

「四〇万円」という具体的な被害額は、横山さんは後になって知ったことである。事件が発覚した直後は知らされていなかった。それでも「大金らしい」と噂になった。

「封筒に入っていたんだろうか」

横山さんは同僚とそんな雑談をした。後日、この雑談によって横山さんは警務官に苦しめられることになるのだが、当時は予想だにしていない。

問題の引き出しは、昔から鍵などかかっていたためしがなかった。M2曹が来る前は雑誌やお菓子が入っていて、職場の誰もが勝手に開け閉めしていた場所だった。

「そんなところに大金を入れっぱなしにしていたとは……」

横山さんは呆れた。

捜査に着手したのは陸上自衛隊第一二一警務隊釧路派遣隊である。事件発覚と同時に十数人いる糧食班の隊員を集め、紙を配って六月二〇日から七月二〇日まで一ヶ月間の行動を書かせた。預金通帳の写しも提出させた。書面の申告が終わると順番に事情聴取を行った。横山さんも聴取を受けた。聴かれたのは主に「買い物」のことだった。

「『最近大きな買い物したか』と尋ねられました。車をローンで二台買ったのと、自作でウッドデッキを取り付けた、と正直に答えました」

横山さんは倹約家だ。賭事はしない、酒も飲まない、たばこは吸わない。外食もほとんどしなかった。金を使う機会は家財を買うくらいしかない。几帳面な性格で領収書はすべて箱に入れて整理していた。金を何に使ったかはいつでも説明できる、疑われる余地はないとの自信があった。

同様の事情聴取が二度ほどあった後、警務隊からは音沙汰がなくなった。

「これで終わった」

横山さんはほっとした。

その警務隊からあらためて呼び出しを受けたのは二ヶ月後、九月一七日のことだった。いつものように出勤すると、班長が言った。

「警務隊がＤＮＡの検査をやりたいと言っている。協力してくれ」

職場の隊員全員に検査を受けさせているのだろう。横山さんはその程度に軽く考えて警務隊に足を運んだ。唾液を採取された。そしてすぐに解放された。

翌日は土曜日だった。自宅にいたところ、朝から上司が電話をかけてきた。

「今日も警務隊に行ってもらえないか」

ポリグラフ（嘘発見器）の検査があるのだという。これも全員検査の一環なんだろうと横山さんは快く応じた。

休日の駐屯地に出勤して警務隊の部屋に入ると、警務官と一緒に白い服を着た男が待っていた。ポリグラフの専門業者らしい。白い男は横山さんの体に電極を取り付けた。目の前にモニターが置かれた。

「画面を見ながら質問に答えて下さい」

画面に次々に写真が映し出された。一〇〇円均一の書類ケース、銀行の封筒、裁縫セット、さまざまな種類の銀行通帳、エコバッグ――その都度白い服の男が尋ねた。

「答えてください。見たことありますか」

緊張で胸がどきどきした。

## 「何もやっていません」

容疑者扱いされていると知ったのは、検査が終わってほどなくしてからのことだった。帰れると思っていたら、話を聞きたいと警務官が言い出した。会議室に移り、机の前に座った。周りを囲むように三人の警務官が座った。戸口をふさぐように別の警務官が立っている。異様な空気に息を飲む間もなく、警務官のひとりが声を荒げた。

「なんで盗られた現金が封筒に入っていたって知ってんだ?」

何を怒鳴っているのかとっさには理解できなかった。何度か聞き直してようやく、事件直後に同僚と交わした雑談のことだとわかった。確かに「封筒に入っていたんだろうか」と話した記憶はある。だがあくまで雑談だった。

「雑談で言っただけです。知りません」

横山さんは説明した。しかし警務官は納得しない。

「DNA検査すればわかるんだぞ。キャビネット開けて、息がかかっていたらそれもわかるんだぞ」

警務官は詰め寄った。

(窃盗犯として疑われている——)

そう考えるとショックだった。だが気を取り直してきっぱりと否定した。

「俺は何もやっていませんから」

それでも警務官は怒鳴り続けた。

「キャビネットにお前の指紋しかなかったぞ。最後に触ったのはお前なんだよ。お前に間違いない……」

横山さんが振り返る。

「説明しても頭ごなしに否定される。『それはねえだろ』『おい! おまえ!』と二人がかりで突っ込まれる。トイレにも警務官がついてきました。午後六時になってやっと終わりました。ほっとしたのもつかの間で、『明日も呼ぶからな、よく考えておけよ』と捨てぜりふです。重苦しい気分で家に帰りました」

悪夢のほんの始まりだった。

実際のところ、現場からは横山さんの指紋もDNA型も検出されていない。ポリグラフの結果もシロだった。

物証の裏づけが何一つないまま取り調べは連日行われた。最終的に計一三日間に及ぶ。九月一八日から一〇月一日まで一一日間、いったん一ヶ月近く間をあけて、一〇月二六日から二七日まで二日間。すべて令状のない「任意」の事情聴取だった。

建前は「任意」だが、実態は任意とはほど遠い。「呼出状」と題する文書が警務隊から職場に送られる。それに上司が判をつく。部下である横山さんは、職務命令を受けて警務隊に「出頭」する。令状なしで拘束されているようなものだった。

事情聴取に伴って「監督官」ははずされた。職場に行っても仕事はない。取り調べを受けるために出勤するという生活がはじまった。

横山さんは詳細に日記をつけていた。これが後になって、過酷な取り調べの実態を裏付ける貴重な証拠となった。次に示すのは日記をもとに整理した取り調べ時間の一覧である。拘束時間はしばしば一日九時間を超えている。なお取り調べ時間の長さについて、国側は裁判のなかで異なる主張を行っている。争いのある部分なのでカッコ内に国の言い分を記した。

九月一八日（土）一二時五〇分〜一七時五〇分＝五時間
九月一九日（日）九時〜二一時＝一二時間（二〇時一六分終了）
九月二〇日（月）九時〜一八時＝九時間（一六時半終了）
九月二一日（火）九時〜一九時＝一〇時間（一七時一〇分終了）
九月二二日（水）九時〜一八時＝九時間（一七時一〇分終了）

九月二三日（木）九時〜一二時＝三時間
九月二四日（金）取り調べなし。病院を受診。「急性ストレス障害」と診断される
九月二七日（月）九時〜一五時三〇分＝六時間半
九月二八日（火）九時〜一八時＝九時間
九月二九日（水）九時〜一八時三〇分＝九時間半（八時五七分〜一七時四〇分）
九月三〇日（木）九時〜一七時四〇分＝六時間四〇分
一〇月一日（金）八時五八分〜九時五五分＝一時間
一〇月二六日（火）九時〜一五時三〇分＝六時間半
一〇月二七日（水）九時〜一二時＝三時間

拘束時間は一三日間で九〇時間、これより少ない国側の主張でも七五時間を超す。

「まるで精神的な拷問でした」

横山さんは苦々しく振り返る。

## 誘導尋問

その「拷問」の様子である。

「封筒に現金いくら入っていたと思う？」

尋問二日目の九月一九日（日）はそんな質問からはじまった。取り調べに使われたのは宿舎棟の大部屋だった。後にも先にも黙秘権の告知を聞いた覚えはない。

「封筒に現金いくら……」などと聞かれても横山さんは知らない。だから「わからない」と答えた。だが警務官は納得しない。堂々巡りの問答が続く。根負けした横山さんはついこう言った。

「一〇万円くらいですかね」

苦し紛れに当てずっぽうを口にしただけだった。しかしこれを糸口に巧妙な誘導尋問が始まった。

「一〇万？」

「わかりません」

「一〇万？　本当に一〇万なのか？」

「……」

「本当に一〇万なのか？」

同じ問いが一〇回ほども繰り返された。困惑する横山さんに向かって別の警務官が怒鳴りつける。

「おまえがやった！」

たまらなくなって横山さんは別の数字を言った。

「じゃあ二〇万ですかね？」

「そんなのは知らん」

警務官はうそぶいた。そしてまた詰問が繰りかえされる。

「二〇万？　本当に？」

「……」

そんなやり取りをしていたかと思うと急に話題が変わった。キャビネットの絵をかけという。言うとおりにした。

「お前がやったんだ」

別の警務官が怒鳴りつける。

「やってません」

「嘘だ」

頭が混乱してきた。そこへ最初の警務官が穏やかに問いただす。

「じゃあ封筒の話を聞くぞ。いくら入っていたと思う？」

そしてまた怒鳴られる。

苦痛に満ちたやりとりが何時間も続いた。午後五時になっても終わらない。場所が警務隊の取調室に移された。三畳くらいの狭い部屋だった。横山さんの周りを警務官三人が密着して取り囲む。

「封筒にいくら入っていたと思う。よおく考えろよ」

一人が凄みのある声で言った。

「じゃあ三〇万ですかね」

また適当な数字を言ってみた。疲労で気力が弱りかけている。

「本当に三〇万か？」

警務官が繰り返す。

「……」

何を言っても無駄だ――横山さんは黙った。ふと警務官が立ち上がった。そして横山さんを見下ろすと大声でまくしたてた。

「変態野郎、てめえはストーカーか！　泥棒の顔しているぞ。その汚ねえ手でさわるな。てめえの汚ねえ手で作った飯なんか食えるかっ。監督官？　なにを監督しているんだかわかんねえなあ！」

恐怖に体が凍りついたようになった。罵声が飛ぶ。

「調子こいてんじゃねえよ。車二台乗って調子こいてんじゃねえのか、こら！」

たしかに車は二台ある。北海道で共働きの生活をしていれば必需品だ。珍しいことではない。

支離滅裂な暴言は続いた。白紙の捜索令状を机の上に出すとこんなことを言った。

「家宅捜索に行って嫁さんの下着とか宝石とか全部押収するぞ。警務官が大勢で押し掛けたら近所の人が何だろうと思って、お前あそこに住めなくなるんだぞ」

家族のことを言われて横山さんは泣きそうになった。それでも勇気を出して言った。

「俺はやっていないもん」

警務官の口調は一転して優しくなった。

「いま白状すれば強制捜査とかしなくてもいいんだぞ。いま白状すればヨッコと俺らは仲間でいられるんだぞ」

「ヨッコ」は横山さんの愛称だ。

「やってないもん」

「お前がやった」

「やってない」

「聞きたいのはその言葉じゃないんだよな」

「やっていない」

「聞きたいのはその言葉じゃない」

「……」

横山さんは下を向いた。とたんに怒号だ。

「泣いたふりしてんじゃねえよ、涙も出ねえくせに」

そして何十回何百回と聞いた質問が繰り返される。

「もう一度聞くぞ。封筒にはいくら入っていたんだ？」

「三〇万じゃないんですか？」

「そんなの知らん」

警務官は不機嫌な声を出した。

（もうどうでもいい……）

投げやりになりかけたころ、ようやく長い一日が終わった。

## 「楽になりたい」と虚偽自白

九月二〇日月曜日、取り調べ三日目。朝から前日の続きだった。

「封筒に入っていたのは三〇万か？」

「二〇万ですか」

横山さんは言った。

「ヨッコ、（金額が）戻るのか？」

警務官は不満そうな顔をした。そして金額をめぐる不毛な問答が延々と繰り返された。ひと区切りつき、やがて警務官は諭すような口調で言った。

「ヨッコ、よおく考えろよ。いいか、一〇だろ、……二〇だろ、……三〇だろ、……四〇だろ、……五〇だろ、……六〇だろ、……一〇〇だろ、ヨッコ、思いついたか？」

もううんざりだ。早く楽になりたい、逃れたい――そんな気持ちでいっぱいだった。二〇万でも三〇万でもない。ならば――

「五〇万ですか」

「ヨッコ、そんなに多くないだろう」

警務官は言った。五〇万円でも違うのなら「正解」は教えてもらったようなものだ。

「じゃあ四〇万ですか」と横山さんは答えた。

「四〇万なのか、ふーん四〇万なんだな」

警務官は興奮を抑えているようにみえた。この時、ちょうどリーダー格の警務官は席をはずしていた。「リーダー格」はすぐに部屋に戻ってきた。そして勝ち誇ったような大声を張り上げた。

「やっと言ったか。やっぱりお前しかいないんだよ。四〇万と知っているのは犯人しかいないんだよ！」

頭はもうろうとしていた。何を言っても信じてもらえないのだ。苦痛から逃れられるのなら後はどうなってもよかった。

（盗んだと言えばいいのかな……）

そんな考えが頭をよぎった。そして口に出した。

「やったと言えばいいんですか……やりました」

警務官らはせわしなく「自白調書」を作り始めた。もう怒鳴ることはなかった。

精神的拷問に耐えかねて一時は虚偽の自白をした横山利弘さん。物証は皆無、金銭の出入りも整理した領収書で説明がついていた

夜半に解放されたときには心も身もボロボロだった。同僚が車で家まで送ってくれた。何があったのかと同僚が尋ねた。

「俺はやっていない。でも自白した」

こらえていた気持ちを横山さんは吐き出した。同僚は話に耳を傾けた。「無実」を理解してくれた――横山さんは救われた気持ちになった。

帰宅すると妻に言った。

「俺はやっていない」

妻も信じてくれた。楽になった。

「明日いちばんで自白を撤回しよう」

横山さんは決心する。

しかし、いったん取られた自白調書を否定するのは簡単なことではなかった。一夜が明けた九月二一日、横山さんは決意を固めて取り調べに臨んだ。勇気を振り絞って言った。

「自分やってませんから」

警務官の顔色が変わった。

「なに言ってんだ、こら」

「やっていない」

懸命に繰り返した。しかし通用しない。

何時間もの時が経ち、やがて夜になった。警務官が横山さんの家族の話を始めた。大昔の離婚歴、借金歴、女性関係——警務隊は私的なことを調べ上げて妻にばらしていた。ショックだった。妻までもが疑っているような気がしてきて、何もかもが信じられなくなった。

こうして、前日に続いて横山さんはまた嘘の自白調書に署名してしまう。

「どろぼー君」

打ちひしがれた横山さんに、警務官は蔑みの言葉を投げつけた。

警務隊の建物から出ると外はすっかり暗くなっていた。絶望的な気分で糧食班の部屋に行った。上司が待っていてくれた。

「やったのかやっていないのか、正直に言ってくれ」

上司は言った。

「やっていないんです」

横山さんは答えた。

「警務隊と話をする」

上司は言った。横山さんは声を出して泣いた。

## 急性ストレス障害と診断

「私はやっていません」

そう明記した否認調書が作られたのは九月二二日のことである。それでも横山さんを犯人扱いする警務官の態度にいささかの変化もなかった。

「こいつ嘘つくからちゃんと調書とれよ」

「逃げても自殺してもだめだからな」

朝から晩まで一日じゅう暴言を浴びせられた。次の日も同じだった。この苦しみがいつ終わるのか、見通しはなかった。

とうとう体調に異変が現れた。下痢、不眠、強い不安感。血圧も高くなった。

九月二四日金曜日。珍しく取り調べのない日だった。妻に付き添ってもらって病院へ行った。過酷な取り調べを原因とする「急性ストレス障害」だと診断された。ＰＴＳＤ（心的外傷後ストレス障害）の一種である。療養が必要だと言われた。

診断が出てもなお、取り調べに手加減はなかった。週末にかけてかろうじて三日休むと、二七日の月曜日からまた調べが再開する。横山さんは抗鬱剤を飲みながら無実を訴えた。どんなに苦しくても、二度と虚偽の「自白」をするつもりはなかった。

そんななか、横山さんは警務隊からとんでもない話を聞く。二四歳になる一人暮らしの娘のところへ深夜、警務隊が押しかけたというのだ。

「横山から金もらってないか」

玄関先でそんなことを尋ねたという。横山さんには男の子どももいる。長男もいれば二男もいる。だが警務隊が訪ねたのは娘だけだ。明らかに嫌がらせだった。どこまでプライバシーを暴きたてれば気が済むのか。激しい怒りを覚えた。

憔悴していたのは横山さんだけでなかった。妻もまた心労で体調を崩し、通院を余儀なくされた。家庭の平穏は破壊された。

取り調べがはじまってから一〇日あまり。事件がおきてから二ヶ月。北国の短い夏はとっくに終わり、秋が深まろうとしていた。もう長い間心から笑ったことがないような気がした。

突然、変化が起きた。どういう事情かはわからなかったが、一〇月一日の取り調べはあっけなく一時間で終わった。以後、警務隊の呼び出しが無くなった。横山さんは毎日糧食班に出勤し、呼び出しを待った。調べがない日は一日職場で時間をつぶすしかない。居心地は悪かった。それでも「無実だとわかってくれたのだろう」と思えてきて、気持ちが和らいだ。

ところが、それも束の間の平和だった。

一〇月二六日火曜日、横山さんはほぼ四週間ぶりに警務隊の呼び出しを受けた。犯人扱いは相変わらずだった。無実を訴えると相手は逆上した。

「犯人でない証拠を自分でみつけろ」

おさまりかけていた不安の症状が吹き出した。

翌一〇月二七日も呼び出された。朝から昼まで三時間にわたって罵倒の連続だった。気持ちが悪くなってため息をついた。

「はーとかひーとか言ってんじゃねえよ」

警務官は口汚く罵った。携帯電話を操作してメールを打とうとした。事情を理解してくれている知人にメールを送ろうとしたのだ。それをみとがめて、さらに激高した。

「こら貴様、誰とメールしてるんだ。センズリ野郎！　変態野郎！　ストーカーでもやってるんじゃねえのか！」

次の日も取り調べの予定が入っていた。だがもう限界だった。体が動かない。前日の帰り際に言われた言葉が耳朶によみがえった。

「明日も呼ぶからな。落ちる（自白する）までずーっと呼ぶからな。覚悟しとけよ！」

耐える自信はなかった。そして、はじめて「任意」の取り調べを自分の意思で断った。

覚悟していた逮捕はなかった。「呼出状」がくることもなかった。逮捕しようにも根拠が何もなかったのだとは、後になって知ったことである。

## 心の傷は深く

取り調べからは解放されたものの、心に深い傷が残った。PTSDはうつ病に進行していた。自衛隊の車を見るだけで恐かった。取調室での苦痛の体験が脳裏に蘇ってしまう。警務官に殺される夢も見た。とても働ける健康状態ではない。休職を余儀なくされた。

釧路にいること自体が苦しかった。療養のために札幌に転勤を申し出た。転勤は認められ、引っ越しした。多少気持ちが楽になった。だが職場復帰は依然として困難だった。

時間が過ぎ、やがて病気休暇が切れて無給となった。休職扱いも期間満了が迫ってきた。自衛隊を辞めれば以後は収入のあてはない。不安だった。

それでも泣き寝入りは嫌だった。二〇一〇年一一月、横山さんは釧路地裁に国家賠償請求訴訟を起こす。警務隊の違法捜査によって多大な苦痛を受けたとして五〇〇〇万円の損害賠償を求めた。二〇年以上もまじめに働いてきた自衛隊を訴えることには躊躇があった。世話になったという気持ちがある。しかしモノを言わずにはいられなかった。

「警務隊はなぜ『すいません』と謝罪の一言もないのか。申し訳なかったくらいの発言がないのか。私はいま病気になって生活不安を抱えて暮らしているんです」

二〇一一年八月三一日、朗報が届いた。釧路区検による「不起訴」の決定である。理由は「証拠不十分」。無実は完全に証明された。

裁判で国側は「捜査に違法性はなかった」と全面的に争ってきた。強引な取り調べも、自白の強要も、暴言を吐いたこともないという。

「自衛隊や警務隊がこれほど嘘つきだとは思いませんでした。今度の経験でよくわかりました」と横山さんは話す。

ひとまず平穏な生活を取り戻したいま、自衛隊を追われた一人の隊員のことを思い出すという。

「私の前任者でJという2曹隊員がいました。彼は財布を盗んだとして懲戒免職になったんです。クビになって隊を出るときに、『俺はやっていない!』と叫んだと聞いています。当時は、彼が盗んだのかなと疑っていました。でもいまは断言できます。絶対に違う、彼は冤罪です」

裁判は、供述調書やメモ類などの物証の提出を求める原告(横山さん)側と、「捜査中」を理由にこれを出し渋る国との攻防が続き、遅々として進んでいない。提訴当時は現職自衛官の身分だったが、その後退職を余儀なくされた。無収入の横山さんにとって裁判をやることは大きな負担である。だが妥協する気はない。

「理解してくれる部下や上司もいて心の支えになっています。無実の人間を追い詰めた奴が出世して、J2曹のような冤罪の被害者がクビになるなんておかしいじゃないですか」

◇

## 「自衛隊は、内側から変わる事の出来ない組織です」

横山さんの事件を『マイニュースジャパン』で報じたところ、匿名で次の連絡があった。内容はきわめて具体的で自衛隊関係者とみられる。参考までに紹介したい。

横山さんの記事を読みました。

自衛隊に関する色々な記事を読み、感じた事は自衛隊は組織の保身に走り色々な事を隠している！　横山さんの働いていた釧路駐屯地も中央から離れているのを良い事に、かなり好き放題やってます。例えば色々の理由を付け隊員から徴収金を集めたり、日課時限はあって無い様なもので、毎日〇七三〇（午前七時半）に訓練を開始させたり、副連隊長などは安く官舎に入居しているのに営内者の為の風呂に一番風呂で入ったり好き放題です。

特に酷いのは、国民の税金である防衛費を自分の利益の為に無駄使いし大きな顔をしている人間がいる事です。

横山さんの働いていた釧路駐屯地糧食班での話なのですが、二年前の春に栄養士のLは鹿肉の入札で、Vと言う会社に便宜を図り、Xさんと言う会社の一・五倍にもなる価格で落札させるために、試食をしていないのに会計隊に嘘の報告をしたり、後から色々と条件を付けたりしてTさんから説明を求められても、会計隊を騙してV社に落札させました！　実際に菓子折りをもらっているし、見え無い所ではどれだけもらっているのかは分かりませんが、糧食班長のHは見て見ぬふりだし、数量の多い時にはV社に落札させ、少ない時は他の業者に落札させました。

国民の税金を我が物顔で使うLやHの様な人間がいる！　ましてやLに関しては、パワハラでMさん（記事中のM２曹）をいじめたり、他の科のFさんをいじめ、退職に追い込んだり、やりたい放題です！

自衛隊は、内側から変わる事の出来ない組織です。外部から変えて下さい！

## 3　1等空尉が告発する警務隊の無法捜査

雪の舞う曇天にF－15戦闘機の離陸音が響く。機影は見えない。爆音は三度続き、またもとの静けさにもどった。

航空自衛隊小松基地（基地司令・鶴田眞一空将補）のある石川県小松市を訪れたのは二〇一一年一月六日のことだった。1等空尉・池田久夫氏（四七歳）に会うためである。

池田1尉のことはテレビニュースで知った。小松基地の管制隊整備班長をしていたとき、隣の職場である管制班でUSBメモリ三本が無くなるという事件が起きた。これを盗んだという容疑が池田さんに降りかかる。だが池田さんに覚えはない。

「まったくの濡れ衣だ」

「警務隊のひどい違法捜査によって苦痛を受けた」

そう訴えているという。どういうことなのか話を聞きたかった。

待ち合わせた小松駅に池田さんは軽自動車で現れた。細身で穏やかな感じの人物だ。同乗すると自宅に向けて車をゆっくりと発進させた。猛烈に雪が降ってきたかと思うと、嘘のように雲が晴れて太陽が照りはじめる。北陸の冬はめまぐるしく表情を変えた。その道すがら筆者は気になっていたことを尋ねた。

空自小松基地。脚の出し忘れによる戦闘機の胴体着陸、燃料タンク落下、薬莢流出など事件が相次いでいる

「今回の取材について自衛隊から何か言われましたか」

「何時にどこで会うのか。内容を報告するように。上司からそう言われているんです」

慎重に運転しながら池田1尉は答えた。妙な話だった。

池田1尉のインタビュー取材がしたいと航空幕僚監部広報室に申し入れたのは二ヶ月ほど前、二〇一〇年一〇月二五日だった。これに対して、一一月八日、広報室の隊員から電話で回答があった。

「USBメモリ紛失被疑事案は、個人の私生活や個人の見解に関する問題なので、組織として関与する立場になく、インタビューには応じるところではありません」

「では個別に池田1尉を取材することになるかもしれませんが、問題になるようなことはありませんか」

そう尋ねると隊員は同じ文句を繰り返した。

「(防衛省は)関与する立場にありませんので……」

関与する立場にない――そう明言しておきながら、実際には取材内容の報告を求めている。

言っていることとやっていることが矛盾していた。

報告を求めるだけではなかった。

「取材に隊員を立ち会わせましょうかとも言ってきたんですよ」

笑いながら池田さんは言った。

「個人の私生活や個人の見解に関する問題なので、と空幕は言っているんですが、単なる口実だったのでしょうかね?」

「さあ……」

そんな会話をしているうちに車は池田さんの自宅に着いた。

池田さんのインタビューは数時間にわたった。その内容に周辺取材を加え、以下、事件の経緯を報告したい。

## 「トイレにCD」事件

二〇〇八年三月一九日水曜日の朝、小松市の石川県税事務所一階のトイレで茶封筒が見つ

CD入りの茶封筒が見つかった石川県税事務所のトイレ。警務隊による現場の指紋採取や聞き込みはなかった

かった。一見ささいなこの出来事からすべてがはじまる。

石川県税事務所の職員によれば、「茶封筒」発見当時の状況は次のとおりである。

――午前八時、清掃員の女性が出勤して掃除にとりかかった。県税事務所の建物は、警備員が前日夕方五時頃に施錠し、翌朝八時前に開錠するのを常としている。この日の開錠時刻は普段どおり、前の日の施錠時刻もいつもと変わりはなかった。

清掃員が一階男子トイレの掃除に取り掛かったとき、大便器脇の壁に大型の茶封筒が立てかけてあるのに気がついた。

（忘れ物だな）

清掃員の女性はそう思って封筒を回収した。そして、まもなく登庁してきた職員に渡した。

封筒を預かった職員も「忘れ物だろう」と考えた。県税事務所は一般の人の出入りが頻繁にある。だから不思議には思わなかった。税金の申告のほか旅券業務を扱う部署もある。トイレを使うのは職員だけとは限らない。

茶封筒は大きさがA4判くらい。二つ折りにして透明な粘着テープで封がしてあった。手で触れた感じから中身はCDらしいと見当はついた。

持ち主の手がかりは封筒の文字にあった。

〈航空自衛隊小松基地〉

封筒の表にそう印刷されていた。基地の住所・電話番号もあった。小松基地の封筒だろうと職員らはごく自然に思った。自衛隊員の忘れ物か、あるいは自衛隊の出入り業者が忘れたものか。とにかく小松基地に電話をかけてみようということになった。

小松基地に電話で事情を伝えると、しばらくしてから二人の自衛官がやってきた。警務官だった。さっそく封筒の中をあらためようということになり、職員立会いのもとで警務官が封を切った。出てきたのはやはり一枚の無地のCDだった。

「ウチのものです」

警務隊員はそう言って封筒とCDを引き取り、県税事務所を後にした。職員らは仕事に戻った。その後警務隊から問い合わせはない。「一件落着」といった感じで、茶封筒の件はすっかり忘れてしまっていた――。

県税事務所では単なる落し物のように思われていた「茶封筒」の件だが、一方の小松基地では騒動に発展していた。

防衛省が後に公表したところでは、CDに入っていたデータの一部が管制隊管制班が保管するＵＳＢメモリの内容と同じだった。そして保管されているはずのＵＳＢメモリ三本が行方不明になっていた。

このＵＳＢメモリ三本を池田さんが盗んだというのだが、警務隊が描いた「犯行ストーリー」はこうだ。

①日ごろ管制隊長と折り合いが悪い池田1尉は、隊長を困らせてやろうと思った。

②そこで管制班のＵＳＢメモリ三本を盗み出した。

③ＵＳＢメモリのデータをＣＤに複写し、次に茶封筒に入れて県税事務所に置いて意図的に発覚させた。

上司を困らせるための犯行だというのだ。

なお、紛失したＵＳＢメモリに入っていたデータが具体的に何だったかは今も明らかにされていない。つまりＣＤのデータが何だったかも不明だ。防衛省は「防衛機密ではない」という以外は説明していない。

さて池田さんによれば、ＵＳＢメモリの紛失を知ったのは三月二〇日ごろ、管制隊の上司から電話で知らされたという。最初は何のことかピンとこなかった。池田さんは整備班の班長で、ＵＳＢメモリは隣の管制班が保管している。整備班にはまったく関係のない備品だったのでよくわからなかったのだ。

翌二一日、一〇〇人ほどいる管制隊員が全員呼び出され、食堂に集められた。用紙が配られ、三月一九日前後の行動を記入するよう命じられた。指紋も採られた。その後、個別に事情聴取がなされた。池田1尉はありのままに書き、聴取に対してこう話した。

〈三月中旬から休暇をとっていた。小松基地から輪島基地への異動が決まっていて、その準備のためだった。三月一七日は輪島の借家を決め、荷物を送る手配をした。翌一八日は午前中に輪島基地へ車で行き、上司・同僚に挨拶をした。午後一時ごろ、輪島を出た。高速道路を三時間ほど走り、ちょうど午後四時に小松インターチェンジを降りた。そのまま近くの小松運動公園に車を走らせた。一緒に乗せていた飼い犬が車酔いして嘔吐していたからだ。公園のトイレでホースをつないで犬を洗い、車の中を掃除した。犬を散歩させた後に帰宅した。探せば目撃者がいるはずだ――〉

上司を困らせるためにUSBメモリを盗んだ――警務隊によってあらぬ嫌疑をかけられた池田久夫1等空尉

石川県税事務所のトイレに茶封筒を置き得るとすれば、建物が施錠された三月一八日午後五時より以前の時間帯だ。自分に疑われる余地はない。警務隊も理解してくれたことだろうと池田さんは考えた。

警務隊はそれきりだった。仕事の引き継ぎに追われるうちに四月がきた。池田

1尉は小松基地を去り、輪島の新しい職場に着任、幹部として忙しい毎日を過ごすようになった。

転勤から一年あまりが経った二〇〇九年五月。池田さんの生活は突如としてかき乱される。

## 土足で家に上がりこんだ警務隊

二〇〇九年五月一四日木曜日、午前五時。池田さんが単身赴任する輪島市の借家に、予期せぬ訪問があった。出勤の支度をしていた池田さんが不審に思って玄関に出ると、六、七人の男がいた。警務官だった。

「今日は仕事に行かなくていいから」

尊大な態度で告げたのは警務隊長の杉田和信3佐だった。見せられた捜索令状には「窃盗容疑」と書かれていた。男たちはどやどやと部屋に上がった。池田さんは携帯電話を取り上げられた。

借家には部屋が三つある。警務官らはそれぞれの部屋をくまなく探した。

「USBメモリはどこにあるんだ」

ひとりの警務官が横柄に聞いた。知るはずがない。

家宅捜索は家族のいる小松市の自宅でも行われている様子だった。自宅には自家用車を置いていた。車の屋根にはスキー板を運ぶ器具が取り付けてある。その器具の小さな隙間まで調べているとことが警務官同士のやり取りからわかった。

「(器具を取り外す)鍵がないから壊すぞ」

警務官が言った。壊されたらたまらない。

「待ってくれ、ここに鍵があるから」

池田さんは慌てて制止し、鍵を渡した。

当時、小松の自宅には高齢の実父がいた。後に父に聞いたところでは、警務隊員らは土足で家に上がりこんだという。父がとがめたところ、やっと靴を脱いだ。玄関の床には土足でつけた傷がいまも残っている。刑事ドラマさながらの乱暴な捜索だった。

借家の捜索は午前中いっぱいかかった。午後は近くの生家を捜索した。老いた父を小松の自宅に引き取ってからは誰も住んでいない。池田さんにとっては思い出のしみついた家だが、警務官らは容赦なく家財をかき回した。仏壇の中も母の位牌を出して徹底的に調べた。

丸一日がかりの捜索で、警務隊はパソコンや書類などダンボール何箱分もの家財を押収していった。池田さんは混乱した。そしてとっさに考えた。

(身を守らねばならない。このまま罪人にされかねない。法律家の助けが必要だ)

すぐに知人を頼って弁護士を探した。たどり着いたのがQ弁護士だった。その後、警務隊によってさらに散々な目に遭わされる中で、Q氏は折々に法律的な手助けをする。違法捜査をやめるよう内容証明郵便を何通も出した。孤立無援の状態に置かれた池田さんにとって強い支えとなる。

家宅捜索と同時に職場での立場も一変した。輪島から戻されて、小松基地での「臨時勤務」を命じられた。取り調べを受けるのがお前の仕事だ——そういわんばかりだった。

警務隊の事情聴取は、捜索から三日後、二〇〇九年五月一七日の朝からはじまった。建前はあくまで「任意」の聴取だった。

取調室は広さが六畳ほどで、事務机とパイプ椅子が置かれていた。机をはさみ、池田さんは警務官と向き合って座った。

「1等空尉・池田久夫ですね」

警務官は丁寧な口調で話しはじめた。

「あなたには供述拒否権——黙秘権があります。でも嘘をついていいということではありません」

最初は生い立ちや学歴などについて尋ねられた。小一時間をそれで費やし、ひと区切りがついた。穏やかに見えたのはそこまでだった。

「お前がやったんだろう！」

警務官は大声を出した。

「小松管制隊の勤務に不満があったんじゃないのか！」

警務隊が描く犯行ストーリーは前述したとおりである。すなわち、池田1尉は上司の小松管制隊長と折り合いが悪かった。隊長を困らせてやろうと管制班のUSBメモリを盗み出し、データをCDにコピーして県税事務所のトイレに置いた――。

だが、管制隊長と折り合いが悪いというのは事実ではない。またUSBメモリが保管されていた管制班には二四時間人がいる。盗もうとすれば必ず誰かの目に触れる。

「そんなところからメモリを盗むなんてできっこないじゃないか」

池田さんは説明した。しかし相手は聞く耳を持たない。

「すべて証拠はそろっているんだ！」

「家宅捜索令状が出たのも、お前が犯人だと裁判所が認めたからだ！」

そう怒鳴って自白を迫った。トイレに行こうとすると監視がついてきた。結局、解放されたのは午後六時ごろ。初日の調べは八時間に及んだ。後にも先にも「証拠」を見せられたことはない。

**「逮捕するぞ。新聞に載るぞ」**

翌日も翌々日も、取り調べが続いた。延べ二〇日。一日あたりの取り調べ時間は短い日で三、四時間。長いときは一三時間という日もあった。その間のやり取りについて池田さんはメモを書き残している。

**二〇〇九年五月一九日（取り調べ三日目）**

**取調官**「なぜ取り調べられているのかわかっているのか！」

**池田**「わかりません」

**取調官**「本当にわからないのか。証拠が全部そろっているからだ！」

――耳鳴りがするほどの大声。机をたたいたり蹴ったりする。パイプ椅子に長時間座らされているが、楽な姿勢を取ることを許さない。

**五月二〇日（取り調べ四日目）**

一転して猫なで声で「管制隊は腐っている。マジで思う」「池田さんの気持よくわかる」などという。態度も穏やか。何が聞きたいのかわからない。「そうなんですか」と相づちを打つしかない。

**六月三日（取り調べ八日目）**

ポリグラフ（ウソ発見器）の検査を受ける。その後事情聴取。

「1等空尉なら正直に言えよ！　遊びじゃないんだよ！」

わめくような大声で怒鳴り、机をたたいた。その態度に怒りを感じて「調書に怒鳴ったことを書け」と要求した。受け入れられなかったので署名を拒んだ。

「自白しなかったら逮捕するぞ。新聞に載るぞ。逮捕しなかったのはお前の家族のことを考えてやったんだ」とも言われた。

**六月五日（取り調べ一〇日目）**

眠れない、食事がのどを通らない。悪化していた体調がこれまでで最悪の状態。朝から下痢と嘔吐を繰り返す。椅子に座っているのも苦痛。病院に行きたいから今日の取り調べは休ませてほしいむね基地に電話をかけたが「ダメだ」とのこと。家族に車で送ってもらって基地に行く。

六月五日、取り調べ一〇日目。この日は朝から憔悴していた。出勤の際、ゲートの隊員が「大丈夫ですか」と心配するほどだった。基地の衛生隊で点滴を打ってもらった。脱水症状を起こしていると言われた。それでも取り調べは行われた。解放されたのは午後一〇時。次の日は土曜日だった。休めると思っていたら警務官はこう言ったという。

「土日も締め上げてやるからな」

「締め上げて……」は言葉だけではなかった。休日返上で過酷な取り調べが続いた。食事が喉を通らない。体重は減る。不眠。池田さんは完全に体調を崩した。病院に行くと「適応障害」と診断された。

「調べが終わると脱力感でいっぱいでした。いつまで続くのかわからない、見通しのない不安もありました。でも私の父は『負けるなよ』と言ってくれました。子どもたちのことを考えると負けるわけにはいきませんでした。子どもたちは事情を知りません。どんなに帰りが遅くなっても寝ずに待っていて、一緒に風呂に入りました。認めたら（虚偽の自白をしたら）クビになります。そうしたら子どもを養っていけなくなりますから」

苦しかった。それでも持ちこたえることができたのは家族の力が大きかった。池田さんはそう振り返る。

## 不起訴決定でも最低評価

二〇日間の取り調べ時間は合計で一〇〇時間を超す。結果は、自白調書もなければ物証もなし。根拠薄弱のまま、しかし、警務隊は池田さんを窃盗容疑で書類送検した。

二〇一〇年一〇月、家宅捜索から一年半になろうとするころ、金沢地検から弁護士を通じて連絡があった。「嫌疑不十分で不起訴」という決定だった。窃盗容疑は完全に消えた。

「うれしくてあちこちに電話をかけました。古い友人、自衛隊の同僚や先輩、元部下。陰で応援してくれていた人が何人もいたんです。『がんばれよ、一人じゃないぞ』『応援しているぞ』――そんな電話やメールをくれた人もいました」

これで胸を張って職場に戻れる――池田さんは信じて疑わなかった。だが時間がたつにつれて様子がおかしいことに気がついた。元の職場に復帰する話がいっこうに出てこないのだ。給料日がきた。明細を見て愕然とした。賞与の査定が最低評価のままではないか。

「臨時勤務」はすでに解かれていた。しかし言い渡されたのは予想もしなかった職場だった。輪島基地の援護班長。自衛隊を辞める隊員のために再就職先を探す部署である。通信機器整備専門の池田1尉にとってはまったくの畑違いだ。明らかに降格人事だった。

（自分がどんな悪いことをしたというのか）

池田さんは釈然としなかった。

不審な出来事はほかにもあった。警務隊が家宅捜索で押収した物の中に、インターネットで集めた文献を入れたCDがあった。元上司からもらったCDだ。これを警務隊は「池田が盗んだ」として被害届を出すよう元上司に働きかけていたのだ。結局被害届は出されず、ことなきを得た。

入隊して三〇年ちかく、自衛隊はやりがいのある仕事だと思ってやってきた。まさかこんなひどい目に遭うとは想像だにしなかった。しかも警務隊に反省はない。業を煮やした挙句にある決断をする。

不起訴に先立つ二〇〇九年一一月、池田さんは防衛省に対して公益通報を行った。

①自白の強要および不正確な調書の作成、ならびに人権を無視した扱いを受けた事実を明らかにせよ。

②窃盗の事実がないCDを窃盗したとして被害届を出すよう要求した事実を明らかにせよ。

——という趣旨の通報だった。

「警務隊長以下関係者の処分と正式な謝罪を求める」

通報文書の最後にそう付け加えた。また、公益通報とあわせて、法務局に対して人権救済申し立ても行った。

結果が出るまでには約二年を要した。

「事実が確認できない」

いずれもそれが結論だった。むろん池田さんは失望した。しかし、理不尽な仕打ちに毅然と立ち向かったことで、一目置かれる存在となった。時おり若い隊員からパワハラなどの相談が寄せられるという。

窃盗事件とされながら、ＣＤが見つかった石川県事務所では、指紋採取も聞き込みもいっさいされていなかったという。「ＵＳＢメモリ窃盗事件」とは何だったのか、本当に窃盗事件なのか。

真相は闇の中にある。

第2章

# 暴　力

「真相が知りたい」と語る島袋勉さんら遺族。現場にいた自衛官の証人尋問からは得るものは少なかった（2013年3月1日）

## 1 「命の雫」事件――徒手格闘という殺人訓練

札幌地裁の法廷に、沖縄地方の調子を帯びた島袋勉さんの声が響く。

なぜ、そういうことになったの、英吉《ひでよし》。
私はそれが知りたい。英吉の裁判を起こした理由は、それがすべてです。
英吉の命を奪った人たち。ひとつの家庭を壊した人たち。
真実を教えてください。
その方々は話す義務があると思います。（略）
真実を、真実を、裁判の場で明らかに、嘘偽りなく私にお話しください。
それが、どういう結果が出ようが覚悟はできています。
裁判で真実が聞けることを望んでいます。

島袋勉さんの息子・英吉さんは、陸上自衛隊に入隊し、一年も経たないうちに命を落とした。二〇歳だった。徒手格闘の「訓練中」の事故。それが自衛隊の説明である。遺族は納得できず、「真相を知りたい」と国を相手に国家賠償請求訴訟（佐藤博文弁護団長）を起こす。二〇一〇年八月のことだった。冒頭はその最初の法廷で勉さんが意見陳述したときの様子である。

提訴から二年半を経た二〇一三年二月一日、札幌地裁は証人尋問の期日を迎えていた。国側から証人出廷したのは自衛官三人。訓練の教官だったF3曹、格闘の相手をした先輩のA士長、そして輸送隊長の黒田耕太郎2佐である。F3曹とA士長は、英吉さんが倒れた現場に居合わせた人物。黒田2佐は訓練の責任者で、事故の起きたときは近くで銃剣道の指導をしていたところ、知らせを受けて現場に駆けつけたとされる。

英吉さんの死亡後、A士長とF3曹は業務上過失致死容疑で書類送検された。だが札幌地検は不起訴処分にした。遺族は札幌検察審査会に異議申し立てを行った。同審査会は不起訴不当の判断をしたが、札幌地検はあらためて不起訴処分にした。そんな経緯を経て出廷した証人たちだった。

尋問に先立ち宣誓が行われた。法壇にいるのは石橋俊一（裁判長）・松本真・館洋一郎の各裁判官だ。

「良心に従って真実を述べ、何事も隠さず、何事もつけ加えないことを誓います」

声をそろえて宣誓する三人の姿を、父の勉さんら遺族は原告席からじっと見つめた。

## 傷だらけの遺体

島袋英吉さんが事故に遭ったのは、二〇〇六年一一月二一日のことだった。陸上自衛隊真駒内駐屯地の体育館で「徒手格闘」の訓練中、意識不明となった。病院に運ばれたが一日後に死亡した。輸送隊の1等陸士で、トラック運転手をしていた。

検視調書によれば、死因は急性硬膜下血腫および外傷性くも膜下出血。さらに頭部外傷による急性脳浮腫、小脳ヘルニア、二次性脳幹部出血もあった。「発症状況」として医師の所見がこう書かれている。

〈徒手格闘訓練中、投げられた際、後頭部を強打し受傷。頭部がかなりふられた様子。脳がかなりふられたことが予想される〉

司法解剖の結果、架橋静脈という頭頂部の重要な血管が切れていることもわかった。ダメージを受けたのは頭だけではなかった。体中に多数の傷が確認されている。

①左ほお・鼻の表皮剥離、②下唇挫創・下顎切歯の脱落、③前胸部・両側胸部の皮下出血、④左第四肋骨・同第八肋骨の骨折、⑤両腰・背中・ひざ・両肩付近の皮下出血、⑥肝臓裂創・出血。なお解剖所見によれば、「下顎切歯の脱落」と「肝臓裂傷・出血」については、人工呼吸器の挿入や心臓マッサージなどの医療行為による可能性があるとされている。

「訓練中の事故」だという説明が遺族には信じられなかった。いじめ、虐待を疑った。殺人だとすら思った。傷だらけの遺体を前にすれば当然のことである。

## 陸自一一師団調査報告書

陸上自衛隊第一一師団は調査を行い、報告書をまとめた。これによれば、経緯はおよそ次のとおりである。

問題の「徒手格闘」訓練は、二〇〇六年一一月二一日、真駒内駐屯地「西体育館」二階の柔道畳が敷かれた場所で行われた。参加したのは輸送隊のF3曹、A士長、島袋1士（英吉さん）の三人。一週間前に出された隊長命令に基づく訓練だった。

一一月一三日付の黒田耕太郎輸送隊長発令の訓練命令には、目的が次のように書かれている。

〈隊は、銃剣道及び徒手格闘練成要員に対し練成訓練を実施して、技量及び精神力の練磨向上を図るとともに、連隊武道競技会の必勝を期す〉

「連隊武道競技会」は一一月二九日に予定されていた。輸送隊からは銃剣道チームと徒手格闘チームが出場する。英吉さんは、このうち「徒手格闘」の選手要員だった。なお「徒手格闘」とは空手と柔道を合体させたような自衛隊の戦闘技術である。

「徒手格闘」に関する三人の技量にはばらつきがあった。F3曹は徒手格闘検定一級の保持者。また柔剣道二段、剣道初段、空手初段、少林寺拳法二段でもあった。A士長は、一応徒手格闘の経験はあるものの初心者である。試合に出たことはない。そして英吉さんは経験未熟な入門者だった。高校時代は吹奏楽部で管楽器を演奏していた、いわゆる〝文化系〟で、格闘技の経験はまったくなかった。

事故当日までに英吉さんが練習した回数は三回。四回目の練習日にあたる一一月二一日に事故が起きた。

一一月二一日。この日の練習は次の要領で行われた。

まず基本練習などを四〇分。いったん休憩して、防具（グローブ、胴、ひざ当て）を着けた。そして「胴突き五〇連発」を練習した。胴を拳で叩く基本練習である。そして次に「倒して胴突き」という約束練習を行った。英吉さんの命を奪った練習である。

「倒して胴突き」とは、あらかじめ攻撃役と防御役に役割を決めておいて、攻撃役が防御役を足技で倒し、さらに腹を拳で突く——という約束型の連続技訓練だ。攻撃役の技がきれいにきまった場合は、教官のF3曹が「一本」を宣言する。技が三本きまるまで立ち合いを繰り返す。

英吉さんが攻撃役、A士長が防御役という約束のもと、「倒して胴突き」が開始された。立ち合いは合計八回行われた。八回の「倒して胴突き」について順を追って見ていこう。

▽一回目　英吉→Aに技をかけるがきまらず

▽二回目　英吉→Aに技をかけ、一本目きまる

ここまでは約束どおりだ。つまり、英吉さんが一方的に技をかける形で立ち合いがなされている。変化が起きたのは三回目の立ち合いだった。技をかけにいった英吉さんに対してA士長が反撃を加え、逆に投げ飛ばしてしまう。いわゆる「投げ返し」が行われた。英吉さんは不意を突かれた形で床に投げられる。防御役が反撃するというのは約束になかったが、教官のF3

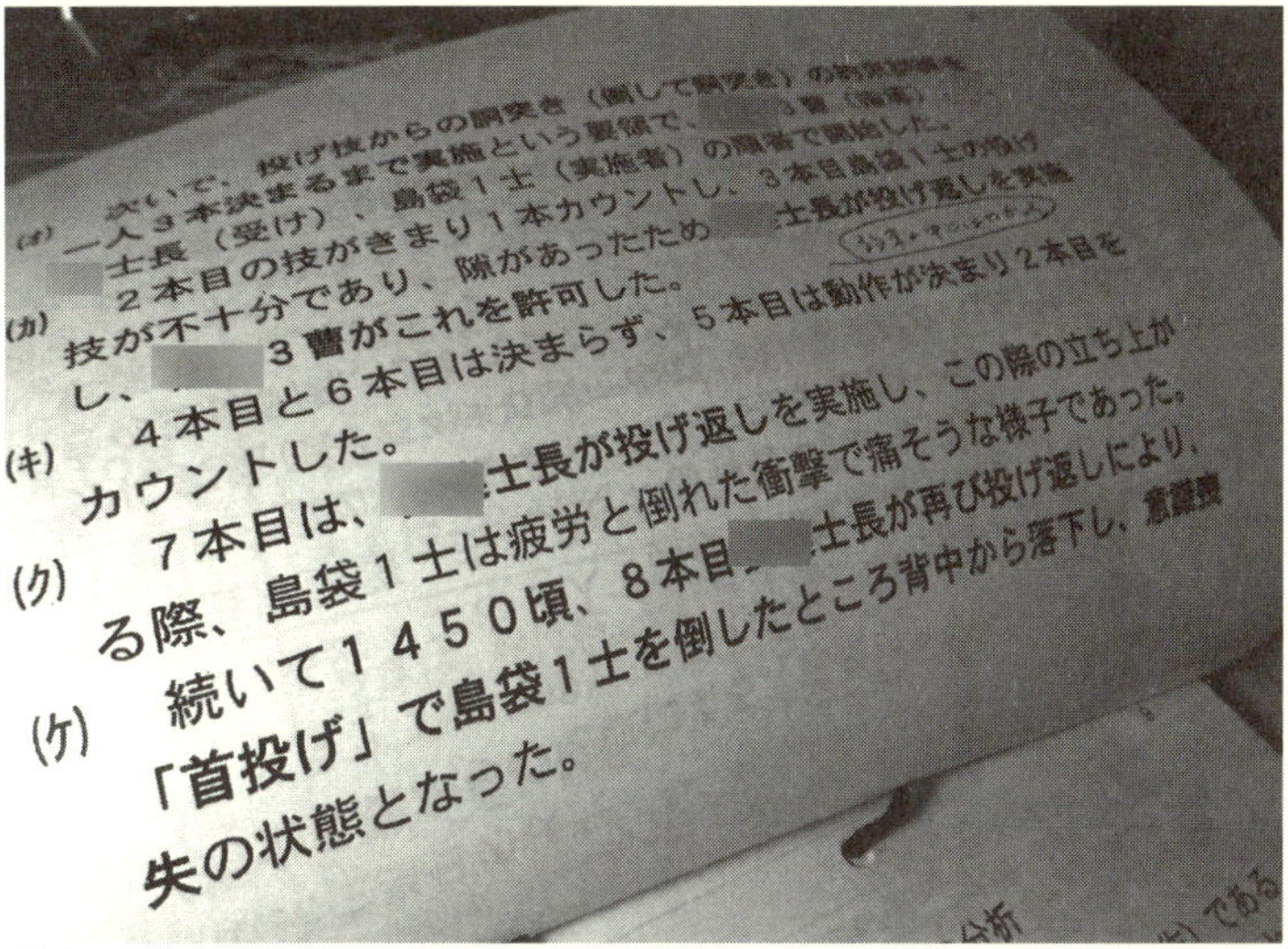

(オ)　次いで、投げ技からの胴突き（倒して胴突き）の
一人３本決まるまで実施という要領で、[redacted]３曹
[redacted]士長（受け）、島袋１士（実施者）の順番で開始した。
２本目の技がきまり１本カウントし、３本目島袋１士の投げ
(カ)　技が不十分であり、隙があったため[redacted]士長が投げ返しを実施
し、[redacted]３曹がこれを許可した。
(キ)　４本目と６本目は決まらず、５本目は動作が決まり２本目を
カウントした。
(ク)　７本目は、[redacted]士長が投げ返しを実施し、この際の立ち上が
る際、島袋１士は疲労と倒れた衝撃で痛そうな様子であった。
(ケ)　続いて１４５０頃、８本目[redacted]士長が再び投げ返しにより、
「首投げ」で島袋１士を倒したところ背中から落下し、意識喪
失の状態となった。

陸自11師団の報告書では、頭を打った（受け身が取れなかった）のは１回だと説明。しかし診断書には「４回」とある（116ページ参照）

曹はこれをとがめなかった。そしてA士長に対して、以後は「投げ返してもよい」と指示を出す。

▽三回目　英吉→Aに技かけるが、逆に投げ返される（投げ返し①）不意の反撃だった。F３曹は以後投げ返しを許可

こうして四回目以降の立ち合いを続けた結果、英吉さんはさらに二度「投げ返」される。

▽四回目　英吉→Aに技かけるがきまらず

▽五回目　英吉→Aに技かけ、二本目きまる

▽六回目　英吉→Aに技かけるがきまらず

▽七回目　英吉→Aに技かけるが、逆に投げ返される（投げ返し②）「島袋は疲労し、痛そうな様子」

▽八回目　英吉→Aに技かけるが、逆に投げ返される（投げ返し③）「島袋は背中か

ら床に落下、意識不明に」

陸自の報告書によれば、英吉さんは都合三度投げ返されたうち、最後の八回目で頭を打ち、意識不明になったとされる。午後二時五〇分頃、訓練開始から一時間二〇分後の出来事だった。つまり、頭を打った回数は「一回」だけで、あと二回の投げ返しについては受け身を取って頭を守ったという説明である。

じつはこの頭部を打った回数については重大な疑問が浮かんでくる。後段で詳述したい。

さて、事故発生後の対応について、報告書は次のように書いている。

〈島袋1士が意識を失っていることに気がついたF3曹は、近くにいた救護員を呼び、防具を取り外した。現場は西体育館の二階だったが、訓練の最高責任者である黒田耕太郎2佐は当時体育館一階で銃剣道の指導中だった。黒田2佐は事故を知って医務室に連絡した。医務室を通じて救急車が呼ばれた。島袋1士はまず札幌市の自衛隊札幌病院に運ばれたが、同病院では治療不可能だったので中村記念病院に再搬送される。中村記念病院への到着は午後四時四五分、救命措置がなされたが一一月二二日午後二時四四分に死亡した〉（趣旨）

自衛隊病院を経由したために中村記念病院への到着は発生から二時間も後のことだった。なぜ直接搬送しなかったのか、そうすればもっと早く治療が受けられた。あるいは助かったかもしれない——搬送の経緯についても遺族が不審を抱くところである。

報告書の結論部分である。事故原因についてこう分析している。

▽受け身の練度未習熟段階での投げ技および返し技の訓練実施
▽A士長による投げ返しに伴う、島袋1士の疲労度等隊長の異変把握不十分なままの訓練の継続
▽訓練指導及び安全係ともF3曹が一任された形となり、全般指導・安全管理態勢の不十分
▽総括として、経験が浅く技術的に未熟な島袋1士に、投げ技の受け身など危険な練習をさせたこと、ならびに指導態勢の不十分が原因

以上が報告書の概要である。

## 「頭部打撲を四回ほど」の真相

話を裁判に戻す。

虐待、いじめを疑う原告・遺族側に対して、国側はあくまで純粋な訓練中の事故だとの主張を繰り返した。まっこうから主張がぶつかるなかで迎えたのが、冒頭で触れた証人尋問だった。

結論として筆者の感想を先に述べれば、自衛隊の三証人の証言は、とても真相をすべて正直に話したとは言いがたいものだった。具体性に乏しく、しばしば「覚えていない」と繰り返した。

「何も話してはくれなかった……」

尋問終了後、遺族も失望をあらわにした。しかし、この欲求不満を禁じえない証言によって、

陸自の報告書に対する疑問がむしろ深まった。その疑問のひとつが、「頭を強打した回数」にある。以下、この問題を検証したい。

英吉さんは訓練中に頭を打ち、それが致命傷となった。その回数を、自衛隊が「一回」だと説明している点はすでに述べた。ところが、じつは英吉さんが手当を受けた中村記念病院の診療録にこれと矛盾する記載がある。

〈平成一八年一一月二一日午後二時五五分頃、自衛隊での格闘訓練中に後頭部を打撲。意識障害が出現し、自衛隊札幌病中央病院に救急搬送。JSC二〇〇※、瞳孔散大、頭部CTにて急性硬膜下血腫および脳挫傷を認め、当院救急搬送（午後四時四五分着）。後で聞いた話では強い頭部打撲を四回ほど繰り返した後で意識を失った〉（傍点筆者）

※意識レベルの数値である。「JSC二〇〇」は、意識不明で「痛み刺激で手足を動かしたり、顔をしかめたりする」状態とされる。

「強い頭部打撲を四回ほど繰り返した」との記載は、医師が誰かから聞き取った内容とみるのが自然だろう。では誰が「四回」だと説明したのか。現場にいたのは、亡くなった英吉さんのほかは、教官のF3曹と先輩A士長の二人しかいない。よって、「四回」を知り得たのはこのどちらだ。

証人尋問の法廷では、この「四回」問題について、まずF3曹から聴かれた。F3曹は救急車に同乗して病院に同行している。その場面から原告代理人がただす。

**原告代理人**　自衛隊病院に行くとき、あなたと黒田（輸送隊長）さんが救急車に乗りましたね。
**F3曹**　私は乗っておりましたが、隊長が乗っていたかどうか記憶にありません。
**原告代理人**　そうしたら、救急隊員に事情を説明したのは誰ですか。
**F3曹**　私も説明しております。
**原告代理人**　「も」というと？
**F3曹**　いや、それが誰か……ああすみません、私が説明しております。
**原告代理人**　一人で？
**F3曹**　……当時あまり冷静ではなかったので、はっきり覚えていません。

「記憶にありません」

「覚えていません」

F3曹の記憶ははっきりとしていないようだ。

続いて病院到着後の状況に尋問は移った。自衛隊札幌病院を経て英吉さんは中村記念病院に運び込まれた。F3曹も車で中村記念病院に行ったという。救命に取り掛かっている医師に対してF3曹はなんと説明したのか。

**原告代理人**　中村脳外科（中村記念病院）にあなたは自衛隊の車で行きましたね？
**F3曹**　はい。
**原告代理人**　医師に事情を説明しましたか。
**F3曹**　……いえ、しておりません。

患者に付き添って病院に来た者が事故の状況を医師に説明しない。そんなことがあり得るのだろうか。筆者は不思議に思った。

質問が救急搬送時のことに戻った。「私も（救急隊員に）説明しております」と証言した点についてである。具体的にどんな説明をしたのか。

**原告代理人**　あなたは救急隊に説明したときに、頭部を打撲しましたという話をしましたか。
**F3曹**　いえ、救急隊員に言ったときは、受傷部位等ではなく、ただただもうお願いしますと。
**原告代理人**　いや、あなたは事情を説明したんでしょう？
**F3曹**　事情……まあ意識がありませんと。
**原告代理人**　いや、救急車で運んでいるんですから、聞きたいのはどういうケガだったのかということなんですよ。当然あなたは聞かれてるはずなんですよ。

**F3曹**　ああ……救急車に乗ってからは、投げ技の際に床に強く頭を打ちましたと。

Ｆ３曹の答えはしどろもどろだった。そして、問題の診療録に関する質問になった。

**原告代理人**　（診療録に）「後で聞いた話では強い頭部打撲を四回ほど繰り返した後で意識を失った」と書かれていますけど、これはあなたが話したことですか。

**F3曹**　話した覚えはありません。

あいまいな答えを繰り返していたＦ３曹が、ここだけはきっぱりと否定した。

## 受け身はとれていなかった？

次にＡ士長の尋問をみてみよう。

「頭部打撲を四回ほど」と説明したのがＦ３曹でなかったとすれば、あとはＡ士長しかいない。Ａ士長は救急車に乗らず、病院にも行かなかった。したがって、もし「四回」と説明したのがＡ士長ならば、別の隊員を経由して医師に伝わったことになる。原告代理人が尋ねる。

**原告代理人**　……あなたは誰かに、英吉さんが四回頭部打撲を受けたということを伝えたことがありますか。
**A士長**　いいえ、ありません。

A士長は即座に否定した。F3曹でもなければA士長でもない。だとすれば「四回ほど」説はどこから出てきたのか。まったく説明がつかなくなってしまった。
疑問を抱いたまま、引き続きA士長の証言を聞いた。やがて決定的な矛盾に気がついた。英吉さんが頭を打ったのは一回だと国側は主張する。だがじつは「一回」ではなかったのではないか――そんな「複数打撲説」を示唆する証言が出てきたのだ。
被告国側による主尋問でのことだった。

**被告国代理人**　一回目の投げ返しのときに、島袋さんは受け身を取っていましたか。
**A士長**　いいいいいいいいい、取れていいなかったと思いいいます。

一回目の投げ返しの際、英吉さんは「(受け身が) 取れていなかった……」とA士長は答えた。
これが何を意味するのか。「倒して胴突き」の一連の流れをもう一度みてみよう。

▽一回目　英吉↓Aに技をかけるがきまらず
▽二回目　英吉↓Aに技をかけ、一本目きまる
▼三回目　英吉↓Aに技かけるが、Aに投げ返される（投げ返し①）不意の反撃だった。F3曹は以後投げ返しを許可
▽四回目　英吉↓Aに技かけるがきまらず
▽五回目　英吉↓Aに技かけ、二本目きまる
▽六回目　英吉↓Aに技かけるがきまらず
▽七回目　英吉↓Aに技かけるが、逆に投げ返される（投げ返し②）「島袋は疲労し、痛そうな様子」
▽八回目　英吉↓Aに技かけるが、逆に投げ返される（投げ返し③）「島袋は背中から床に落下、意識不明に」

問題は「一回目の投げ返し」にある。「一回目の投げ返し」とは、立ち合いの回数でいえば三回目にあたる。A士長が不意打ちで英吉さんを投げ返した場面だ（▼印）。このときの英吉さんの受け身の状態はどうだったのか。

陸自の報告書では、頭を打った回数は一回だけ。すなわち、この「一回目の投げ返し」のときには頭を打っていないと説明されている。この点についてF3曹は証人尋問で、「おおむね

受け身が取れている」と国の主張を裏付ける証言を行った。不意に投げ返されたが英吉さんは受け身が取れた。頭を打ってはいない。だから以後の「投げ返し」を許可したというわけだ。

F3曹の証言をみてみよう。

**被告国代理人**　……どういう状況から、「おおむね受け身が取れている」というふうに思ったのか（後略）。

**F3曹**　……投げられた際に…そういった転がったり投げられたりする訓練のときには、二人にはあごを引きなさいと、後頭部を打ったら危ないと。これは私も高校のときに柔道の訓練の際に言われていましたので、それをずっと常々言っておりまして、その辺りをしっかり踏まえて受け身を取っていたものですから……（後略）。

**被告国代理人**　そうすると、受け身については、二一日の事故当日の時点では、あごを引いて頭を打たないようにする、ということができているというように判断できたと？（後略）。

**F3曹**　そうです。

しかし、この「一回目の投げ返し」について、A士長は「（受け身が）取れていなかったと思います」と証言した。「おおむね受け身が取れている」というF3曹の証言と食い違う。そして陸自や国が説明してきた「一回」説と完全に矛盾する。

Ａ士長は英吉さんを投げ返した本人である。証言は重い。なぜ「(受け身が)取れていなかったと思」ったのか。前段のやり取りを含めてみてみよう。

**被告国代理人**　投げ返しは投げ技、つまり倒すのではなく投げたんですか。
**Ａ士長**　はい。
**被告国代理人**　島袋さんはどこから落ちましたか。
**Ａ士長**　背中からです。
**被告国代理人**　一回目の投げ返し(立ち合い三回目)は、島袋さんは予期していたと思いますか。
**Ａ士長**　いえ、思っていないです。
**被告国代理人**　予期していなかったということですね?
**Ａ士長**　はい。
**被告国代理人**　一回目の投げ返しのときに島袋さんは受け身を取っていましたか。
**Ａ士長**　取れていなかったと思います。
**被告国代理人**　一回目の投げ返しのあと、島袋さんが立ち上がったときの様子を教えてください。
**Ａ士長**　びっくりした様子でした。

A士長の説明は具体的で、F3曹の証言よりも説得力があるように思えた。被告国側代理人の顔に困惑が浮かんだ。そしてあらためて同じ点を質した。

**被告国代理人**　……島袋さんが受け身を取っていたかどうかについて、取れていなかったというふうに今おっしゃいましたね？

**A士長**　はい。

**被告国代理人**　どういうふうな状況から受け身が取れていないというふうに判断したのか、説明していただけますか。

**A士長**　……急に投げたので、ちゃんと首を上げて受け身を取るような体勢じゃなかったなと思ったので……受け身が取れてないなと思いました。

**被告国代理人**　そのときそういうふうに思ったんですか。

**A士長**　はい。

**被告国代理人**　そうすると、島袋さんは、一回目の投げ返しを受けたときに、頭から落ちたんですか。

**A士長**　背中からです。

再度聞きなおしたことによって状況はよりはっきりした。不意打ちで投げられた英吉さんは、受け身を取れずに背中から落ちた。受け身の取れるような体勢になかった。背中から落ちて受け身が取れなければ、十中八九の確率で後頭部を打つ。少なくとも頭に強い衝撃を受けるのは間違いない。

国側代理人が三たび同じことを聞いたのは、自分たちにとってよほど不利な証言だったからだろう。尋問の前に打ち合わせを二度行ったという内輪の事情を明らかにしたうえで、こう尋ねた。

**被告国代理人**　そのとき（二度の打ち合わせのとき）に、島袋さんに対してあなたが一回目の投げ返しをしたときに、島袋さんが受け身を取れていたかどうかについて、あなたは二回とも（中略）「覚えていない」と答えたと思うんですけれども、違いましたか。

**A士長**　はい、言いました。

**被告国代理人**　「覚えていない」とおっしゃいましたね？

**A士長**　はい。

**被告国代理人**　先ほどのわれわれの主尋問のときには、受け身が取れていなかったというふうに答えましたね？

**A士長**　はい。

**被告国代理人**　これは思い出したということなんですか、それともほかの記憶と間違っている可能性はないですか。

**A士長**　……覚えていないです。この場の（裁判所の）……緊張してよくわからなくなってしまいました。

**被告国代理人**　そうすると、正しい記憶としては、打ち合わせのときに聞いたとおり、覚えていないというのが正しいんですか。

**A士長**　はい。

「受け身が取れていない」というA士長の証言は、「覚えていない」にすりかえられた。傍聴席から失笑が漏れた。石橋裁判長がそれを制止することはなかった。

## A士長の手紙

（英吉さんは三度「投げ返し」にあった。そのうち頭を打ったのは「一回」だけだと国はいう。しかし、じつは三回とも打ったのではないだろうか——）

A士長の証言を聞きながら筆者は考えた。英吉さんもA士長も、投げ技の経験はない。受け身も未熟である。そんな二人が組手練習を行った。そして不意に投げた。とっさに投げ飛ばされて、素人の英吉さんがやすやすと受け身がとれたとは思えない。

しかも、「倒して胴突き」のような状況で逆に投げられた場合、受け身を取るには非常に高度な技術が必要であることが弁護団の実験でわかった。つまり、仰向けにひっくり返されるような姿勢で背中側から床に落下する。この場合、受け身を取るには頭の後方付近の床を効果的に腕で叩く必要がある。簡単なことではない。

また、防具の着用によって受け身はさらに困難だったと考えられる。事故当時は、胴とすね当てを着け、手にグローブをはめていた。グローブでは畳がうまく叩けない。相手の袖や襟をつかむこともできないので、投げられたほうは抑制がきかないまま自由落下する。未熟者同士の練習に危険な要素が重なっていた。英吉さんは投げ返されるたびに繰り返し頭を打った——そう考えるほうが自然ではないか。

しかし、仮に「投げ返し」の三回すべてで頭を打ったとしても疑問が残る。診療録の記載は「三回」ではなく「四回ほど」となっている。四回という具体的な数字はどこからきたのか。

後日、東京の自宅で訴訟記録を読み直した。証拠の束をめくるうち一通の手紙に目がとまった。A士長が遺族にあてて出した手紙だった。丁寧な字でこんなことが書かれていた。

……（立ち合いの）三回目の時に英吉君が投げようとした時、英吉君の投げが甘かったので私が英吉君を投げ返しました。

その時、教官のF3曹に「英吉君の投げが甘い時は投げ返していいぞ」と言われました。

その時私は真剣に訓練に取り組んでおりましたので、投げ返せる隙があれば投げ返してよいと思いました。そのあと英吉君は前より気持ちが入り、力を込めて私を投げようとしてきました。英吉君が隙なく力を込めて投げてきた時は素直に投げられましたが、投げが甘かった時はお互いもつれ合って倒れる時もありました……（傍点筆者）

「投げが甘かった時はお互いもつれ合って倒れる時もありました」

気になったのはこの一文だ。

「もつれ合って」とはどういうことだろう。素直に投げられるのであれば「もつれ合」うことはない。すなわち、A士長が投げ返しを試みたのは「三回」ではない、もっと多かった。そういう意味ではないか。

仮説を立ててみた。

〈技を掛けようとする英吉さんに対してA士長が投げ返しを試みる。英吉さんはこらえて攻撃を続けようとする。互いにもつれて倒れる。英吉さんは仰向けに倒れて床で頭を打った〉

こう考えれば、四度頭を打ったという状況に説明がつかないだろうか。投げ返しされた際に三回、もつれて倒れた際に少なくとも一回、計四回の頭部打撲を負った。診療録に「四回ほど」と記載されたのは、はっきり四回の打撲が目撃されていたからではなかったか。

**黒田隊長**

自衛隊側証人の最後は、訓練命令を出した輸送隊長の黒田耕太郎2佐だった。事故の場面を直接目撃していないものの、状況を総合的に把握できる立場にある。全容を知っている可能性は高い。

落ち着かないのか、始終左右に視線を動かしている。答える声は大きく太い。

**被告国代理人**　救急車の手配をされてますね。

**黒田2佐**　はい。

**被告国代理人**　それは証人が手配されましたか。

**黒田2佐**　はい。私がしました。

**被告国代理人**　で、救急車が到着してから、連隊長には証人が報告されましたか。

**黒田2佐**　はい、私がしました。

**被告国代理人**　で、自衛隊札幌病院と中村記念病院へは、証人は同行されていますか。

**黒田2佐**　はい、同行しております。

黒田2佐は救急車に乗っていたということがここではじめて明らかになった。F3曹が「記憶にありません」「はっきり覚えていません」と明言を避けていた部分である。

質問者が原告代理人に代わり、問題の診療録に関する質問がなされた。

**原告代理人**　「……強い頭部打撲を四回ほど……」とありますね（後略）。

**黒田2佐**　はい。

**原告代理人**　これについて、あなたはそういう説明はした？

**黒田2佐**　いえいえ、してません。

**原告代理人**　していない？　そういう記憶はない？

**黒田2佐**　いや、これ自体、いま知ったばかりですので。そういう細かい話はとてもじゃないけどできる状態じゃないです。

やや饒舌に黒田隊長は答えた。病院に同行した自衛隊員のなかではもっとも階級の高い責任者である。その責任者が、「四回」のことは知らないという。不思議な話である。黒田2佐に対する不可解な印象は、次の証言で決定的となった。「徒手格闘」の試合要領に関する質問だった。

**原告代理人**　徒手格闘訓練は大会に向けたものだということですよね？

**黒田2佐**　はい。

**原告代理人**　この大会というのは、団体戦でやるもの？（それとも）個人戦でやるものなんですか。

**黒田2佐**　団体戦と個人戦が両方あったと思います。

**原告代理人**　それはあらかじめ決まっていた？

**黒田2佐**　試合の方式等はまだ決定まではいかなかったと思います。

**原告代理人**　試合の方式も全然きまっていない状態だった？

**黒田2佐**　こういうような、団体と個人戦でやろうというようなことは聞いていましたけど、決定かどうかというのは、すみません。

**原告代理人**　勝ち抜き戦だとか、トーナメント戦でやるとか。

**黒田2佐**　そこは決まってなかったと思います。まだ。

**原告代理人**　大会でどういうことをやっていいだとか、禁止事項だとか、そういったことについては決まっていなかったんですか。たとえば競技の時間だとか、そういったもの。

**黒田2佐**　競技の時間ですか……すいません。決まっていたかどうかがちょっと、自信をもってお答えできないところです。ちょっと記憶がたしかじゃありません。

**原告代理人**　競技の時間についてもわからない？　何分やるとか。

**黒田2佐**　三分だったか五分だったかというのは、ちょっとすいません。

**原告代理人**　命令を出したあなたとしても、実際の大会でどうやるのかはわかっていなかった？

**黒田2佐**　細かい部分まではですね。ただ三分か五分だろうとは思ってました。

調査報告書に記載された試合時間は「二分」である。ところが黒田2佐は「三分か五分だろう」と答えた。訓練命令を出した本人が試合時間すら知らないとはどういうことなのか。黒田隊長は何をしようとしていたのか。本当に「試合」のための練習だったのか。

自衛官三人の証言を聞いても真相は見えてこない。遺族は失望した。しかし、陸自の報告書を鵜呑みにはできないということだけははっきりした。それこそが最大の収穫だった。

## 判決

二〇一三年三月二九日。札幌地裁で判決が言い渡された。原告勝訴だった。だが、沖縄から出廷した島袋さん一家に笑みはなかった。判決後の報告集会で妹は語る。

「英吉にいさんは帰ってきません。それは本当です……英吉にいさんのこと大好きだったし、今でも好きだし、……それ以上に、自衛隊で同じいじめの事件が起きてほしくない。もっと一人ひとりのことを考えて、命の尊さとか考えて、日々を過ごしてほしい。もう二度と同じことが起きてほしくない。戦争も起きてほしくない。……もうこんなことはやめてほしい。親戚、家族、きょうだい、みんな苦しい。こんなことは二度と起きないで、みんな笑って生きていけたら最高です。……普通の幸せが一番なので……皆さんにも幸せに生きていってほしいです」
命《ぬち》どぅ宝——沖縄に伝わる「命は宝」という意味のこの言葉が英吉さんは好きだったという。

徒手格闘を導入したのは森勉陸幕長。退官後は三菱電機に天下りし、元陸自１佐・佐藤正久参議院議員の後援会組織の代表者となった

息子の生きた証を残したいと、父・勉さんは事件を『命の雫』という本に著して自費出版した。裁判は「命の雫裁判」と呼ばれるようになった。

徒手格闘が自衛隊に導入されたのは数年前。殺傷力が高く、事故が多発した。海上自衛隊員が死亡する事件もおきた。導入に積極的だったのは元陸上幕僚長の森勉氏。現職時代から政治に深く関与してきた人物だ。陸自1佐・佐藤正久氏の参院選出馬を全面支援し、退官後はミサイルを受注する三菱電機に顧問として天下った。政治団体「佐藤正久後援会」の代表者である。

命を守ろうと入った自衛隊で夭折した青年と、防衛産業からカネをもらい、政治資金集めに励む元幹部自衛官。二つの人生を比べたとき、筆者には言うべき言葉がみつからない。

## 2 護衛艦「しらゆき」の陰惨な日常

二〇一二年九月二一日、札幌地裁でひとつの判決が読み上げられた。

「主文、被告は、原告に対し、一五〇〇万円及びこれに対する平成二〇年六月二一日から支払済みまで年五分の割合による金員を支払え」

被告は国、原告は元海上自衛官の中西太郎（仮名・二六歳）だ。中西に対して国は一五〇〇万円の賠償金を払えと裁判長の石橋俊一判事は命じた。

この判決からさかのぼること七年前、当時高校生だった中西は海上自衛隊にあこがれ、卒業後は希望通りに入隊を果たした。半年間の教育を経て配属された先は横須賀基地に所属する護衛艦「しらゆき」、職場は「射官」というミサイルの射撃管制をする部署だった。階級はもっとも低い2等海士だった。

護衛艦での生活は、基本作業を覚えることから始まった。離岸・接岸時の綱を扱う「もやい作業」、航行中の見張り、内火艇と呼ばれる上陸用ボートの上げ下ろし、舷門警備（接岸した艦の出入り口の警備）といった仕事である。

夢の職に就くことができて中西はうれしかった。やる気になって仕事に挑んだ。ところが、ほどなくして陰惨な現実に直面する。

海自横須賀基地に停泊する護衛艦「しらゆき」(中央)。狭い艦内で陰惨な新人虐待が横行していた

殴る、蹴る、怒鳴る——先輩の虐待にさらされることになったのである。

二ヶ月後、中西は精神のバランスを崩して艦を降り、自衛隊を退職する。そして「許せない」と国家賠償法にもとづく損害賠償を求めて自衛隊を訴えた。冒頭はその裁判の判決である。

## 殴る、蹴る

中西太郎が「しらゆき」に乗り込んでいたのは二〇〇五年八月から一〇月までの約二ヶ月間である。判決によれば、その間、先輩隊員のT士長やW3曹から次のような行為をされた。

▽稚内に向けて航行中、当直の時間ちょうどに見張り位置についたところ、「位置につくのが遅い」とTが安全靴(つま先に鉄板が入っている)で両足のスネを三度蹴った。アザができる

ほどの強さだった。
▽同僚が作業日誌をつけ忘れたことを理由に、Tが腹や足を殴りつけた。
▽舷門当直の際、中西がマイクで号令をかけたところ、Tは「人を見下したような言い方だ」などと言って足を蹴り、胸を拳で殴った。さらに中西のヘルメット（石油樹脂製）を奪い、それで頭を殴った。
▽航行中、Tが突然段ボール紙を海に流し、「双眼鏡で追え」と指示した。中西は追尾しようとしたが見失った。その旨報告したところTが後頭部を殴った。反動で双眼鏡の縁に目を打ち付けた。
▽「お前は役立たずだ、すぐ辞めてしまえ」など侮辱する発言をたびたび浴びせられた（T士長とW3曹）。
▽W3曹と二人で深夜の舷門当直についていた際、足払いをかけられて倒され、殴る蹴るの暴行を受けた。

判決が認定した暴力行為は二ヶ月間に五回。だが中西によれば、実際にははるかに多い暴力があった。あまりにも暴力が頻繁でいちいち覚えていないほどだという。法廷での中西の証言である。

**原告代理人・市川守弘弁護士**　（ベッドからひきずり下ろされて蹴られ殴られたという中西の証言を受けて）……たまに今言った程度のことがあったのか、それとも、もう言い尽くせないくらいいろんなことがあったのか、まずどっちなんだろう。今言ってくれたのがほとんどというこことなんだろうか。殴られたり蹴られたりというのは。

**中西太郎・元2等海士**　……もう、……ミスしたらほとんど（殴られ、蹴られた）が多いです。

**市川**　（前略）それ以外にも（暴力は）いっぱい？

**中西**　まだあったと思います。

**市川**　あったけど、いちいちそれは覚えてられないと？

**中西**　もう、数が多くて。

「もう、数が多くて」と、覚え切れないほどの暴力にさらされるなか、その一例をこう証言する。

**中西**　（舷門当直をしているとき）ボードに……ちょっといろんなことを書いていたんですけど、そのとき電話が鳴って、手が話せなくてW海曹が出たんですけど、その後怒られて、で、自分に説教しながら足を蹴ってきました。（後略）

**市川**　どういう説教ですか、覚えています？

**中西**　なんで上官の俺が出なきゃだめなんだよ、と言われました。（中略）同じところをずっと蹴り続けながら、文句をずっと……。
**市川**　で、それに君は耐えていたの？
**中西**　耐えていました。

つま先に鉄板の入った安全靴で腹立ちまぎれに後輩のスネを蹴る。ひどい話だが、次の話を聞けばその程度はまだマシだったことがわかる。W3曹と舷門当直に入っていた別の夜にはもっと激しい暴力があったという。

**市川**　そこではどんなことがあったの？
**中西**　まず……舷門（当直）の終わる時間（午前零時）が近づいてきたので、三〇分くらいW海曹が離れてたんですよ。そして戻ってきたら、自分にも「三〇分くらい休んでもいいぞ」って言われて。で、自分の居室で休んできますと言って、で、次の舷門の人を起こさないといけないんですけど、そのとき間違って寝てしまったんですよ。で、起きたらW海曹が目の前にいたんですよ。
**市川**　自分の部屋で寝てたら？
**中西**　間違って寝てしまって。居眠りなんですけど。で、えり首をつかまれて、階段上がって、そのまま通路をまっすぐに行って、外に出て、その広いところ（後部甲板）で足をかけられて倒されて。自分はもう何もできない状態になって。体育座りのようになって彼の暴行を受け続けました。

**市川**　体育座りって、どういう座り方だろう？

**中西**　こんな感じ……身を守るような。

**市川**　膝を立てて、えびのように丸くなって。W海曹は、足蹴にして倒れたあなたに……もう一回言って。どういう暴力を振るったのかな？

**中西**　訳わかんないくらいの、足なのか手なのかもわかんない（足で蹴ったのか手で殴ったのかもわからないくらいの）。

**市川**　君からすれば見えないんだものね。

**中西**　……そのときメガネも飛んでて何も見えない状況で。

**市川**　どこかがものすごく痛いというのは覚えている？

**中西**　頭が痛くて、そのとき耳が聞こえづらくなってたんです。

**市川**　それは、頭を殴られたか、蹴られたか。

**中西**　わかんないですけど、耳がおかしくなってました。

なお、この場面について当のW3曹は、暴行ではなく、あくまで「手加減」した「指導」だったと反論している。また国側も「中西の証言は信用できない」という主張を行った。

## 同僚の証言

国がいくら否定したところで、「しらゆき」艦内で暴力が横行していたと証言するのは中西だけではない。元隊員の速水直人（仮名・2等海士）もまた、「毎日二度か三度は殴る蹴るの暴行がありました。殴られない日のほうが珍しかった」と言う。

速水の陳述書である。

「……中西君がスネを安全靴で蹴られたという事実は、夜、部屋で聞かされました。そのとき中西君は、ズボンをめくって私にスネを見せました。中西君は、『ここを蹴られた』といいながら蹴られた場所を見せました。私が見ても赤くあざができていました」

速水によれば、暴力はもっぱら足や腹など衣服で隠れた部分に対してなされた。発覚を防ぐためだという。

また、裁判所が判決で認定しなかった事実についても、速水は興味深い証言を行っている。たとえば「懐中電灯殴打疑惑」である。

中西の訴えのなかに、長さ三〇～四〇センチほどある硬い大型懐中電灯で後頭部を殴られたというものがある。国は否定した。大型懐中電灯で頭を殴るというのは危険だからやるはずがないという言い分だ。結局、十分に立証できなかったという理由で、判決はこの訴えを事実とは認めなかった。

しかし、この「懐中電灯殴打疑惑」について速水は述べている。

「……しらゆきの艦内では、殴る蹴るは日常茶飯事だったので、二人で、今日は何回殴られた、などと話していました。普通は拳骨で殴られるのですが、懐中電灯で殴られても不思議には思いませんでした」（陳述書より。以下同）

大型懐中電灯で殴られたとしても驚かないほど暴力慣れしていたというわけだ。

速水自身の被害体験については、「舷門当直」の事件が紹介されている。舷門当直の隊員は「サイドパイプ」という合図用の特殊な笛を吹く。その吹き方をめぐって先輩に殴られたという。

「笛の吹き方はむつかしく、先輩が教えてくれるのですが、すぐにうまく吹けるわけではありません。だから中西君も私も一所懸命練習していました。それでも、吹き方が悪いといって思いっきり頭を殴られ、足を安全靴で蹴られました。中西君も同じように頭を殴られたと思います」

見張りをしているときも殴られたと速水は言う。

「夜の見張りをしていたときでした。この日は雨がすごくて外が寒かったので艦橋の中で望遠鏡を覗いていたのですが、つい寝てしまいました。そのとき、いきなり上官が思いっきり私の後頭部を殴りつけてきました。私は顔面を望遠鏡の縁にぶつけてしまいました。（中略）また、艦の周囲に障害物がないか見張るのですが、海に浮かぶ発泡スチロールを見過ごしたときも三回ほど拳骨で殴られました」

指導、教育、危険回避のための指導だった――それが国側の主張だ。しかし次の話を聞けば、「教育」効果は疑わしい。

「艦内の様子ですが、非常にだらけていました。仕事が終了してしまえば先輩たちは寝てしまいます。たとえば夜の見張りの仕事も、朝まで見張りをすれば、先輩は寝てしまいます。そこで、私たちもすることがなくなり寝てしまいます。しかし、別の上官が来て『起きろ』『仕事をしろ』『勉強しろ』と言われて起こされます。起こされるときは必ず殴られます。でも別にやる仕事もなく、勉強といってもたいしてやることがありませんから、ただ起きていなければなりませんでした。起きてさえすればよかったのでタバコを吸っていても殴られませんでした」

後輩を虐待し、自分たちは寝てばかりいる。「だらけた」船だと速水は感じた。だからイージス艦「あたご」が漁船に衝突して死者を出す事故が起きたときも、大きな驚きはなかった。

「衝突するよな……」

速水はそう思ったという。

先輩はいつも本気で殴ってきた。一発でたんこぶのできるくらいの強さだった。やがて速水は精神に変調をきたす。

「そのうち精神的におかしくなっていることに気づきました。部屋で寝ていて訳もなく涙が出てきたり、喫煙室でタバコを吸っていたとき、(喫煙室から二枚扉を開けると海なのですが)

このまま海に落ちたら楽になる、などと思ったりしている自分に気づいたからです。『楽になる』というのは、ここ（護衛艦）から逃げられるという意味です」

ついに速水は艦を脱走する。乗艦して半年ほどたった夜のことだった。艦の出入り口には舷門当直の隊員がいたが、見張りはずさんだった。逃げた先ですぐに発見された。しかしもう「しらゆき」に戻るつもりはなかった。退職し、人間らしい暮らしを取り戻した。

## 暴力士長のしどろもどろ証言

一方、虐待を加えたとされるT士長の言い分を証人尋問からみてみたい。

**市川**　……あなたは先ほど、理由なく中西君をたたいたことはないと証言されました。覚えていますか。

**T士長**　はい。

**市川**　そうすると、理由あってたたいたことはあるんでしょうか。

**T士長**　はい、あると思います。

**市川**　それはある？

**T士長**　はい。

**市川**　それは、先ほど言った、体罰を加えてはいけないということと反するのではないです

護衛艦から整列して上陸する海上自衛官。理不尽なことが起きていても外からは容易にうかがい知れない（護衛艦「きりさめ」）

か。

**T士長**　いえ、たたくというのは、注意喚起のために押したりすることも、私の中では「たたく」に含まれる場合はあると思います。

**市川**　じゃ、あなたは、押したことはあるけれども、理由があったとしてもたたいたことはないということでいいですか。

**T士長**　はい、そうです。

**市川**　中西君以外について、あなたが教育係として担当した隊員について、たたいたことはありますか。

**T士長**　ありません。

**市川**　押したことはありますか。

**T士長**　はい、あると思います。

「たたく」は体罰ではない。注意喚起のために押すのも「たたく」のうちに入る。中西以外を

「たたいた」ことはない。だが押したことはある――T氏の説明はよくわからない。

市川　……じゃ、あなたが有形力、体を使って隊員を指導したというのは、押すという行為以外にありますか？

T士長　はい、あります。

市川　どんな行為ですか。

T士長　「引く」です。

市川　それは手でいいのかな？

T士長　はい、時と場合によると思いますが。

市川　押すと引く。どのくらい押すんだろう。たとえば一メートル以上押すとかなり激しい行為になるんだけど。押す場合は。

T士長　それも、時と場合によると思います。

市川　じゃ、一メートル以上も押すことはあるんだ。

T士長　場合によってはある可能性もあると思います。

市川　中西君の場合はありましたか、ありませんか。

T士長　……ない思います。

市川　引く場合、たとえば一メートル以上引っ張ってということは、中西君に対してありましたか。

**T士長**　あったかもしれません。

ますます意味不明になってきた。続く質問に、T氏の説明はとうとう破綻する。

**市川**　……自衛隊の人から、中西君の問題について聞き取り調査を受けたという記憶はありますか。

**T士長**　はい、あります。（後略）

**市川**　……この（聞き取り調査の記録の）一番最後のところに「手の平で肩や腕の辺りやかぶっている帽子を軽くたたいたことはあった」というふうに言っているんですが、そういうふうに聞き取り調査で述べた記憶はありますか。

**T士長**　はい、あります。

**市川**　そうすると、押したり引いたりのほかに、手の平で肩や腕のあたりや、かぶっていた帽子を軽くたたいた。だから「たたいた」こともあったということですね。

**T士長**　はい、そうなります。

「たたいたことはない」。T氏はそう言いたかったのかもしれない。だが釈明すればするほど逆に「たたいた」事実が浮かび上がってくるような、支離滅裂な証言だった。

札幌地裁の審理が続いていた二〇一〇年一一月、小笠原諸島東方海域を航行していた「しらゆき」で、男性1等海士（二四歳）の行方がわからなくなった。捜索が行われたが一〇日間ほどで打ち切られた。「これまでの捜索で手がかりがなく、経過日数を考慮すると生存の可能性が低い」と横須賀地方総監部が説明した旨、地元神奈川新聞は報じている。事故が自殺か、あるいは事件なのか。その後の報道はない。

「しらゆき」裁判が浮き彫りにした陰惨な世界は、氷山の一角にすぎないのではあるまいか。

第３章

# 隠　蔽

隊司令の１佐と取引業者の癒着が疑われている海上自衛隊余市防備隊

## 1　取引業者から高級車を「プレゼント」された海自司令官

海上自衛隊の幹部が取引業者の自動車整備会社から高級車を〝プレゼント〟されている――そんな噂が筆者の耳に入ったのは、東日本大震災の衝撃がまださめやらぬ二〇一一年五月のことだった。

北海道余市町にある海上自衛隊余市防備隊。ミサイル艇と呼ばれる小型の高速艇が配備された比較的小さな基地の話である。噂とはこうだ。

〈昨春、余市防備隊の司令に田尻裕昭という1佐が着任した。その直後から、彼が暮らす官舎の駐車場に高級そうなクラウンが現れた。自分で買ったとは思えない。田尻1佐は地元の自動車整備会社の経営者と仲がよく、よく酒を飲みに行っているらしい。この整備会社には余市防備隊が官用車の車検などの仕事を発注している。車は経営者から〝プレゼント〟されたものではないか。少なからぬ者がそんな疑いをもっている〉

噂は具体的だった。もし事実であれば、大震災や原発事故の対応で過酷な任務についている多くの自衛隊員が気の毒だ。事実を確かめるため、さっそく現場に向かうことにした。

## 官舎に置かれた高級車

ＪＲ余市駅のホームに降りると、ニッカウイスキーの大樽が目に入った。古びた駅舎はきれいに掃除されている。観光案内の表示がいくつもあった。「ろうそく岩」という奇岩の看板が目をひく。

駅前で暇そうにしているタクシーを捕まえて自衛隊官舎に向かうことにした。噂の高級クラウンが停まっているという場所だ。

「ああ、Ｔ官舎ですね」

運転手は合点して車を出した。

車窓から新緑の山が見える。のんびり眺めていると運転手が言った。

「冬は大変ですよ。去年の雪はひどかった。三メートルほど積もった。しかも予算削減とかで除雪が十分にされなかったんでね。道の脇に雪の壁ができて見通しが悪くて、危なくてしかたなかったですよ」

ほかの北海道の地方自治体と同様に、この町でも財政難は深刻そうだった。

ものの一〇分で目的の自衛隊官舎に到着した。クリーム色をした五階建ての団地型だ。魚の臭いが漂ってくる。近くに干物工場があるようだ。

噂の高級クラウンは遠目からでもすぐにわかった。クリーム色のきれいな車体が太陽に反射している。近づいて観察した。後部に「ＭＡＪＥＳＴＡ」の文字があった。国産高級乗用車

余市防備隊司令の官舎におかれた取引業者所有の高級乗用車。「金を払って借りた」というが、契約書にはない

のトヨタクラウン、その中でも最上位車種の「マジェスタ」だった。新車で買えば五〇〇～六〇〇万円はするだろう。ナンバープレートは「札幌」となっていた。「な」の記号がついている。レンタカーであれば「わ」だから、レンタカーではないことがわかる。また、車体にはこんなステッカーも貼られていた。

〈Lotus Yoichi〉

「Y自動車工業」という自動車整備工場のロゴだった。噂の整備会社である。田尻1佐とクラウン、そしてこの会社は、たしかに何らかの関係がありそうだった。

そこまで観察を済ませると、いったん官舎を引き揚げた。再びタクシーを拾って、今度はY自動車工業を目指す。

平日の昼下がりのことでY自動車工業はのんびりとしていた。ツナギ姿の整備員がガレージで仕事をしている。受付で退屈している女性社員に用向きを伝えた。

「自衛隊とのことでお話が伺いたいのですが」

少し不思議そうな顔をしながら女性社員は筆者を応接間に通し、茶を運んだ。応接室の壁にはミサイル艇や護衛艦のポスターが何枚も貼られていた。海自幹部の帽子や艦艇の模型も飾っている。じきに初老の男性が現れた。

「お客さんじゃないということなので私が対応させていただきます」

男性が出した名刺には「株式会社Y自動車工業取締役会長　森○○」とあった。

森会長と向かいあわせに座った。筆者は単刀直入に質問した。

「札幌な3×××という車、これお宅にございますか」

「はい？」

「クラウンマジェスタですね」

「はい……それが何か」

いぶかしげな顔で森会長は答えた。

(ひとつ確認できた)

筆者は思った。自衛隊官舎にあったクラウンはやはりY自動車工業（Y自工）の所有物だった。田尻1佐の車ではない。

次に聞かねばならないのは、田尻1佐とクラウンとY自工の関係だった。質問を続ける。

「その車、どなたかにお貸しになってますか」

「いや、……それはなぜ」

森会長は警戒心をみせた。

「たとえばレンタカーでお貸しになっているとか」

「それ、なぜ答えなきゃならないんですか！」

穏やかだった森会長が少し声を荒げた。質問の仕方を変えてみた。

「いまその車どこにありますか。ここにありますか」

「ここには今はないですが」

無論、答えを知った上での少々意地悪な質問だった。いましがた自衛隊官舎でクラウンを確認してきたばかりなのだ。筆者は続けた。

「そのクラウンはどういうことに使う車なんでしょうか。こちらの営業の車なのか、あるいはお客さんに貸す車なのか。車検の代車で使うとか。どういう……」

「だから、なぜ、お、お話ししなきゃならないんですか」

森会長は大声を出した。かまわず尋ねた。

「そのクラウン、いまどこにあるんですか」

「いや……なぜ！　おかしいでしょ！」

今度は事務所中に響くような怒鳴り声だった。社員たちが息をひそめている様子が奥に見えた。

「おかしいから聞いているんです」

こちらも語気を強めた。

「だからなぜお答えせなならないんですか！　お引き取りください！」

明らかに相手は動揺していた。われを忘れたように連呼をはじめる。

「営業時間ですからお引き取りください。営業妨害で警察呼びますよ」

森会長に追い払われるように筆者は席を立った。立ちながら言った。

「車は自衛隊の田尻さんにお貸しになってませんか」

それには答えず、森会長は怒鳴り続けた。

「お引き取りください！」

「ええ、ただ国家公務員の公務に関することなんですがね」

「そんなこと私に聞いたってわからない！」

「田尻さんにお貸しになっているんじゃないですか」

「イエイエ……それも含めてお答えできませんって！」

「お金は？　いただいている？」

ただで貸しているのか、あるいは対価を払わせているのか。

「お金？　だからお答えできないって言っているでしょ！」

森会長は出口の引戸をあけた。早く出ていけと手を振った。しぶしぶ従った。あと一歩で外に出るというところで最後の質問を試みた。余市防備隊が官用車の車検などをY自工に発注していることは事前に確認してきた。その点を指摘した。

「Y自動車工業さんは自衛隊と取り引きありますよね」

「ぜんぜん……あなたが言っても私は聞いてませんからね！　どうぞお引き取りください！」

「田尻さんに……」

「お引き取りくださいって！　お引き取りください！」

取り付く島もない。

「お引き取りください！　お引き取りください！　お引き取りください！」

ピシャと締めたガラス戸の向こう側からも上ずった声が聞こえた。

## 田尻1佐に尋ねる

森会長はどうしてあれほど激高したのか。車を貸しているのなら「お客さまに貸しています」などと答えれば済む話である。何か事情がありそうだった。やはり田尻1佐本人に聴くしかない。

田尻1佐に会えたのは六月上旬のことだった。別件で札幌に来たついでに余市まで足をのばし、夕刻に官舎を訪ねた。問題のクラウンマジェスタは、前回と同じ場所に停まったままだ。

「話が聞きたいんですが」

名刺を渡すと、田尻1佐はけげんな顔をしながらも応対した。

「下の駐車場にあるクラウンですが、田尻さんの車ですか」

「そうですよ……な、何のために聞くんですか、そんなこと」

田尻1佐は少しあわてた様子で答えた。

「Y自動車工業さんという会社はご存知ですか」

「いや、なんでそんなこと調べるの。ジャーナリストが」

手に持った名刺に田尻1佐は目を落とした。

「車はY自動車工業の名義なんですよ。田尻さんの名義じゃない」

「いや、それがどうかしたんですか」

「そこのところをハッキリさせたいわけです」

「なんで、あなた、そんなことをハッキリさせたいわけですか……」

「Y自工さんと余市防備隊は契約関係にあるんじゃないですか? 官用車の整備や車検とか。田尻さんが使っているクラウンがY自工のものだとすれば、どういういきさつなのかなと……」

「ちゃんとお金払っているよ」

「どのくらい払っているんですか」

「どうしてそんなこと言わなきゃいけないの？」

田尻1佐は不機嫌な顔をみせた。

カネを払っていると田尻1佐は言った。だがクラウンを借りているのは一日や二日の話ではない。何ヶ月にもわたって借りっぱなしにしていることは明白だった。仮に対価を払うとすれば、安く見積もっても月三〇万円はくだらないだろう。いくら自衛隊の高級幹部とはいえ、月何十万円も払って車を借りるほどの経済的余裕があるのだろうか。必要性も分からない。出退勤は官用車で部下が送迎している。通勤に自家用車はいらない。

筆者は尋ねた。

「Y自工と余市防備隊は契約関係にあるのだから説明する責任があるんじゃないでしょうか。それに、お金を払ったということであってもですね、レンタカーとして相応の対価じゃなければおかしいということになりませんか」

「対価がどうのこうのと、私があなたに話す必要があるんですか」

いささか開き直ったような口ぶりだった。筆者は自衛隊倫理法を引き合いに出した。

「金品を贈与された場合は『贈与等報告書』で上司に報告しなきゃいけないんですよ。ご存知かと思いますが。対価が低ければ『贈与』とみなされる可能性もありますよ」

「贈与等……何言っているんですか」

日焼けした田尻1佐の顔が気色ばんだ。

自衛隊員倫理法は次のように定めている。

【自衛隊倫理法】

第1条　自衛隊員は、国民全体の奉仕者であり、国民の一部に対してのみの奉仕者ではないことを自覚し、職務上知り得た情報について国民の一部に対してのみ有利な取扱いをする等国民に対し不当な差別的取扱いをしてはならず、常に公正な職務の執行に当たらなければならない。

2　自衛隊員は、常に公私の別を明らかにし、いやしくもその職務や地位を自らや自らの属する組織のための私的利益のために用いてはならない。

3　自衛隊員は、法律により与えられた権限の行使に当たっては、当該権限の行使の対象となる者からの贈与等を受けること等の国民の疑惑や不信を招くような行為をしてはならない。

第6条　部員級以上の自衛隊員は、事業者等から、金銭、物品その他の財産上の利益の供与若しくは供応接待（以下「贈与等」という。）を受けたとき又は事業者等と自衛隊員の職務との関係に基づいて提供する人的役務に対する報酬として自衛隊員倫理規程で定める報酬の支払を受けたとき（当該贈与等を受けた時又は当該報酬の支払を受けた時において部員級以上の自衛隊員であった場合に限り、かつ、当該贈与等により受けた利益又は当該支払を受けた報酬の価額が一件につき五〇〇〇円を超える場合に限る。）は、一月から三月まで、四月から六月まで、七月から九月まで及び一〇月から一二月までの各区分による期間（以下「四半期」という。）ごとに、次に掲げる事項を記載した贈与等報告書を、当該四半期の翌四半期の初日から一四日以内に、防衛大臣に提出しなければならない。

一　当該贈与等により受けた利益又は当該支払を受けた報酬の価額

二　当該贈与等により利益を受け又は当該報酬の支払を受けた年月日及びその基因となった事実

三　当該贈与等をした事業者等又は当該報酬を支払った事業者等の名称及び住所

四　前三号に掲げるもののほか自衛隊員倫理規程で定める事項

2　防衛大臣は、前項の規定により提出を受けた贈与等報告書の写しを自衛隊員倫理審査会に送付するものとする。

田尻1佐が贈与等報告書を出している様子はなかった。仮に、カネを出して借りたというのが事実だとしても、払えばいいというものでもないだろう。払った金額が問題である。質問を続けた。

「一日や二日ならともかく、あの車をずっと借りっぱなしにしているんでしょ。どのくらいの値段になるのか……」

「いままで三週間出張でいませんでしたけど、その間……」

そう言いかけて田尻1佐は口をつぐんだ。出張期間も借りたままにしていたが運転しなかった——そう言いたかったのかどうか。田尻1佐は言葉を飲み込んで、こう言い直した。

「……あなたに話す必要あるの？　個人情報です」

「だってY自工は自衛隊の契約先で、あなたは契約の責任者でしょう？」

「契約は入札してちゃんとしてますよ。これ以上話してもあれなので……」

「本当にお金払ったんですか」

「レンタルというかお借りしているから……小さな町で、ほかに車をお借りできるようなところあまりないですから」

もごもごと田尻1佐は答えた。

「何のために借りたんですか」

「それは……知らないです」

奇妙である。そもそも契約書はあるのか。

「お借りしているって、契約書は交わしているんですか」

「話す必要ありません。お金払ってます」

「いくら？」

「言う必要ありません」

「契約書はあるんですか」

もう一度たずねた。

「契約書は……ありません」

田尻1佐は答えた。車はY自工の名義だ。田尻1佐はカネを払っているというが、Y自工の間に契約書はない。車は「な」ナンバーだ。レンタカーではない。どう考えても田尻1佐の説明は苦しかった。

「あとは海上幕僚監部を通して取材してください」

田尻1佐は不機嫌な声で言うと玄関の鉄戸を閉めた。

## 「仲良し」の関係

「Y自動車工業の会長は余市自衛隊協力会という親睦会の会員でしてね、田尻さんとよく飲みに行ってましたよ。田尻さんは以前にも余市に赴任していたことがあって、当時からのお知り合いじゃないでしょうか」

別の自動車整備会社の経営者がそんな話をしてくれた。

「余市防備隊にはトラックや乗用車、ワゴン車など官用車が何台かあって、整備や車検の仕事を外部に発注するんです。以前は何社かで取り分けていましたが、最近はY自工が独占していますね。ちょうど田尻さんが赴任した昨年春ごろからかな。Y自工は入札価格がとにかく安いんですよ。通常の半分くらい。だから全部もっていかれてしまう」

自衛隊だけではない。余市町教委が発注する小中校のスクールバスや、北海道教委発注による養護学校のバスもY自工が総じて受注しているという。応札価格が安いからだ。

安い半面トラブルを起こしたこともあるという。

――以前、国交省北海道開発局の除雪車など特殊車両を何十台か一気に落札したことがあった。もともと何社かで手分けして受注していた仕事だが、例によってY自工が格安価格ですべて落札した。だが結局納期に間に合わず、除雪シーズンになっても除雪車が足りないという事態に陥った。

「あんな安い値段で車検や整備やろうとしても部品代もでません。いったいどんな仕事をしているのか不思議です」

経営者はそう言って笑った。「お引き取りください」と怒鳴った森会長の紅潮した顔を思い浮かべた。

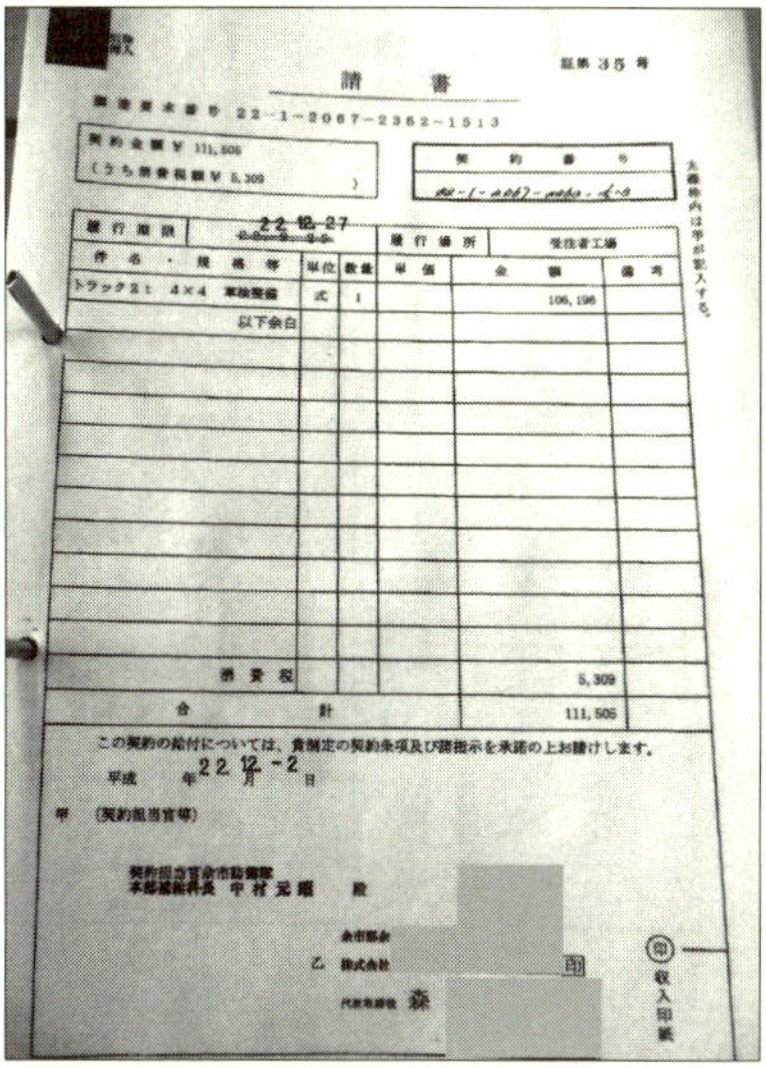
請書

22-1-2067-2352-1513

¥111,505

¥5,309

22.12.27

受注者工場

| | | | | | |
|---|---|---|---|---|---|
| トラック2t 4×4 | 式 | 1 | | 106,196 | |
| 以下余白 | | | | | |
| | | | | 5,309 | |
| 合計 | | | | 111,505 | |

この契約の給付については、貴制定の契約条項及び諸指示を承諾の上お請けします。

平成 22年 12月 2日

乙 株式会社

代表取締役 森

収入印紙

余市防備隊がY自動車工業に発注した車検の請書（契約書）。年間200万円弱の車整備費の大半をY社が受注していた

田尻1佐を取材した翌日、T官舎の前を通りかかって異変に気がついた。クラウンがない。田尻氏が職場に乗っていったのだろうか。そう思っていたら意外なところで見つかった。Y自工の敷地に置いてあったのだ。Y自動車工業の事務所を再び訪ねた。

「田尻1佐のところにあった車がどうしてY自工に移動されたのか。お話が聞きたいんですが」

会長は不在だと女性社員は言った。ぜひ連絡をくれるよう伝言を頼んだが、とうとう返事はなかった。

田尻1佐とY自工の間に不健全な関係がある。そう確信した筆者は、二〇一一年六月一四日、防衛省に質問のファクスを送った。

防衛省内局広報室　同海上幕僚監部御中

①余市防備隊司令・田尻裕昭1佐が、Y自動車工業（余市町）の経営者から国産高級車「クラウンマジェスタ」（札幌な3×××）を借りていたという事実はありますか。

②借りた期間はいつからいつまでですか。

③借りた目的は何ですか。

④代金の支払いはなされていますか。

⑤（代金を払った場合）いくら支払いましたか。

⑥海上自衛隊とY自動車工業との契約状況について教えてください。

⑦関連法規に照らして田尻1佐の上記行動に問題はありますか。御省のお考えをお聞かせください。

まもなく海上幕僚監部の広報担当者から電話で回答がきた。

「借りた期間は約一年」「しかるべきカネを払ったと聞いている」「金額は言えない。個人情報である」「契約書はない。口頭の契約と聞いている」「Y自動車工業と余市防備隊との間には年間数百万円程度の契約がある」「Y自動車工業と田尻1佐の関係については問題ない」

それが海幕の回答だった。

契約書のない口契約で高級車を長期間借りるなどといったことがなぜ問題にならないのか、何度かただしたが、担当者は機械じかけのように同じ回答を繰り返しただけだった。

結局田尻1佐への処分はなかった。

後日、余市防備隊に勤務経験があるという元自衛官の男性に会った。

「自衛隊では正直者がバカをみる。不正をやってもシラをきり通したものが勝ちなんですよ」

居酒屋で焼酎の湯割りを飲みながら、男性は吐き捨てるように言った。

## 2　防衛省が捨てた「負傷兵」――クウェート米軍基地ひき逃げ事件

二〇〇六年七月四日、中東時間の午前六時。イラク戦争の米軍側攻撃拠点であるアリアルサラム米空軍基地で、アメリカの独立記念日にちなんだマラソン大会が始まろうとしていた。快晴の空の下、米兵二〇〇人と航空自衛官一〇〇人の計三〇〇人がスタート地点に集合する。その最前列に航空自衛隊の池田頼将3曹の姿があった(注)。

池田さんは入隊歴一五年のベテラン自衛官だ。小牧基地（愛知県小牧市）の所属で通信の仕事を専門としている。イラク特措法に基づいてクウェート派遣を命じられ、アリアルサラム基地に来たのが三ヶ月前。当初の不安をよそに任務は比較的平穏に過ぎ、ようやく生活に慣れてきたころだった。

池田さんは走るのが好きである。クウェートに来てからも毎日欠かさず数キロメートルの距離を走った。単調な毎日を送るなかでの数少ない楽しみだった。だから七月四日のマラソン大会にも迷わず参加を決心した。小さな大会はこれまでにも何度かあった。もちろんすべて参加してきた。賞品のTシャツをいくつももらった。その手応えから、七月四日の大会では「一等賞」の自信があった。優勝して賞品を手土産に持って帰りたい。日本の同僚を驚かせてやりたい。そのために自主練習を重ねてきたのだった。

午前六時過ぎ、スタートが切られた。コースは砂漠のなかの五キロメートルで、片道二・五キロメートルの直線往復だった。池田さんは最初から飛ばして先頭グループに入った。作戦どおりである。

先頭グループは三人いた。大柄な米兵二人の後ろに池田さんはぴたりとつき、風を避けた。これも計算どおりだった。後続走者を大きく引き離して三人は固まって走った。

「ペースはかなり速かったです。しかし余力はありました」

池田さんは振り返る。

## 「ドスンと鈍い音が」

やがて折り返し地点にきた。前の二人に続いて左回りにUターンした。道路の右端に給水所があった。ペットボトルを手にとり、水を口に含んだ。そして追い抜こうとペースを上げかけた。

次の瞬間だった。

「ドスンと鈍い音がして、背中のあたりに強い衝撃を受けました」

目の前が真っ暗になって意識が遠のいた。以後の記憶は断片的だ。

「気がついたら米軍の診療所らしいところに寝ていました。車にはねられたらしいと聞かされました。これを飲め、と米兵から渡されたのは小指の先ほどもある錠剤四個。やっとの思いで飲み込むとまた気が遠くなりました」

再び目が覚めたのは、ほぼ一昼夜が過ぎた七月五日の朝だった。自衛隊の自分のベッドに寝かされていた。

「首や肩に激痛がありました。足を見ると血だらけ。周囲には誰もいませんでした」

口を開けようとした途端、激痛が襲った。鏡を見た。左顎がななめにゆがんでいる。どうやっても口が開かなかった。上下の歯の間がものの一センチも開かない。自分の身に何が起きたのか、池田さんはまだよく分からなかった。

バスにひき逃げされたと知ったのはしばらく後のことである。米軍が雇ったKBRという会社のバスだった。

戦争ビジネスや石油関連業など幅広いビジネスを展開する「ハリバートン」という米国企業がある。ブッシュ政権と深い縁を持っており、CEO（最高経営責任者）にチェイニー副大統領（当時）がいたこともある。イラク戦争や復興で巨利を挙げたいわゆる「死の商人」だ。KBR社はそのハリバートンの子会社にあたる。

ちょうど夜勤のシフトが入っていた。上司は通常どおり働くよう命じた。痛みが激しく、職場まで歩けない。仕方なく後輩の車で送ってもらった。車に揺られるだけでも全身が痛んだ。なんとか職場に着いたものの今度は痛くて椅子に座っていられない。仕方なくソファに横になった。そして、その姿勢のままで仕事をこなした。幸い書類の点検や部下への指示など事務処理ばかりだったので何とかなった。

長い夜が明けた。勤務から解放されるとすぐに衛生隊へ向かった。

「全身が痛い、口が開かない」

衛生隊の医官に症状を訴えた。だが医官は露骨に不快な顔をしてこう言ったという。

「米軍にひかれたんだから米軍に診てもらえ」

本気とは思えなかった。冷たい態度だった。事実上の診療拒否だった。

一転して不自由な生活が始まった。痛いのも辛かったが、口が開かないのは深刻だった。話すことはできたが、食べられない。事故後三日は水だけで過ごした。食べなければ衰弱してしまう。危機感を覚えて自力でベッドを下り、食堂を目指した。

宿舎から食堂までは一〇〇メートルほどの距離がある。歩こうとすると激痛が襲った。長時間をかけてたどりついた食堂で、池田さんはご飯に味噌汁をかけて歯の隙間から流し込んだ。

## 「帰国便がない」という嘘

日がたっても症状が和らぐことはなかった。職場では相変わらずほとんど横になって過ごした。衛生隊へは何度も行った。しかし治療らしい治療はなかった。せいぜい睡眠薬をもらうくらいだった。痛くて夜眠れないのだ。寝返りすら打てない。その睡眠薬も効能は薄かった。

ある日、見かねた上司のはからいでクウェート市内の民間病院を受診することになった。ところが、これも失敗だった。言葉が通じずうまく医者に症状を伝えられない。顎を無理やり開けられそうになって痛い思いをしただけだった。

もはや何をすべきかは明らかだった。

「治療のために帰国させてほしい」

上司に訴えた。

「ちょっと待て……いまは帰国便がない」

上司は答えた。

「帰国便がない」という言葉を信じた。ところがいつまで待っても帰国の話はない。そのうち奇妙な噂を聞いた。先刻、日本行きの飛行機が出たという。確かめてみると本当だった。アキレス腱を切った隊員がそれに乗って帰国していた。

「僕も帰らせてください」

池田さんは訴えた。だが帰れない。

（帰国させたくないのではないか――）

不信感が膨らみ始めた。

帰国がかなったのは二〇〇六年八月二五日、事故からおよそ二ヶ月後のことだった。ほかの隊員たちと一緒の帰国である。結局任務終了までクウェートに留め置かれたのだった。

ようやく実現した帰国ではあったが、長時間にわたる飛行機の旅も辛かった。二ヶ月たっても痛みは去っていない。座席を二、三つ使って横になり、苦痛をやり過ごした。

ようやく小牧基地に着陸すると、今度は「帰国歓迎式典」が待っていた。

「池田、コルセットをはずせ」

式典を前にして上司は言った。すぐにでも休みたい気分だった。しかし欠席を言い出せるような状況ではない。池田さんは指示どおり首のコルセットをはずして整列した。

「全員無事で帰還いたしました」

痛みを耐える池田さんの耳に隊長の帰国報告が空々しく聞こえた。

式が終わると祝賀会があった。立食の料理が出された。口が開かないので食べられない。むしゃくしゃした気分で酒ばかり飲んだ。来賓が大勢きていた。誰も異変に気づいた様子はなかった。他の隊員たちも事故のことをいっさい口にしなかった。

## 泣き寝入りを求められる

帰国して落ち着くとすぐに小牧市内の病院に行った。

「なぜ二ヶ月も放置していたんですか」

診察した医師が驚いて言った。そして診断結果を告げた。

頸椎捻挫、左肩挫傷、および外傷性顎関節症。特に顎関節症は重傷だった。顎の関節の軟骨がずれているという。早期の回復は難しいとのことだった。

外傷だけではない。精神的にもダメージを受けていた。うつ病にかかっていると診断された。不眠は痛みのせいだけではなかった。

クウェートで耐えた苦痛の生活が日本でも続いた。職場ではソファに横になったまま。食事は流動食。歯ブラシが口の中に入らないので歯も磨けない。関節を温め、マウスピースで矯正する療法が試された。回復に期待を込めて治療に通った。

そのさなか、池田さんはある事実を知って驚く。公務災害が適用されていなかったのだ。病院で治療費を請求されてはじめて気がついた。公務災害の適用によって治療費は全額公費で出るものだと信じていた。

「(派遣中は)石ころにつまずいてケガをしても公務災害になる」

クウェートに行く前の説明会では、たしかそんなことを言っていたはずだ。

「なぜ公務災害じゃないんですか?」

上司に尋ねた。

「勤務外に走っていて事故に遭ったのだから公務災害になるはずがないじゃないか」

上司は言った。思わず耳を疑った。おかしな説明である。海外派遣中の基地内行事で事故に遭ったのである。公務災害の適用に問題はないはずだ。しかし、法律に詳しい法務担当の自衛隊幹部までもが奇妙なことを言ったという。池田さんが振り返る。

「当初、ひき逃げだからお金がもらえる。安心しろ、などと言っていたんです。それがしばらくすると、別のことを言い出した。クウェートの法律だとひき逃げは罰金数万円だ。訴えても仕方ない。意味がない。そう言いだしたんです。泣き寝入りしろということです。ひき逃げされたのに泣き寝入りしろとはどういうことか。腹が立ちました」

米軍やKBR社、ひき逃げした運転手からは、賠償はおろか謝罪もなかった。その上自衛隊までもが「泣き寝入りしろ」という。

自衛隊のことはわかっているつもりだった。大阪の高校を中退した後、型枠大工を経て自衛隊に入った。自衛隊のリクルート担当者から頻繁に勧誘された。その熱意にほだされて入った。自衛隊で働きながら夜間高校へ通った。途中から通信制の高校に転校して勉強を続け、卒業証書をもらった。以来一五年の自衛隊生活。自衛隊に世話になったという気持ちがあった。だがいま直面しているのは、想像もしなかった別の「自衛隊」だった。

公務災害についてはその後、多少の改善がみられた。親しくしていた幹部自衛官が助け舟を出してくれ、そのおかげで申請がようやく受け付けられた。ただし外傷の治療費のみで、うつ病については門前払いをされた。しかも支給決定までに半年を要するというもたつきぶりだった。

## 突然の治療費打ち切り

痛々しく体を引きずる池田さんに対して、職場の目はだんだん厳しいものに変わっていった。

「自衛隊は体力勝負のところです。動けない、走れない者に居場所はありません。毎日いろんな人に頼んで送り迎えをしてもらいました。肩身が狭い。死にたい——何度もそう思うようになって……」（池田さん）

うつ病は悪化しつつあった。

二〇〇七年三月、心の傷を広げる出来事が起きた。新潟救難隊通信隊（新潟市）への転勤命令だ。折しも小牧市の病院で治療が続いていた。「治療のために小牧基地にいたい」と希望も出していた。そうした意向を完全に無視した転勤だった。

新潟に縁はない。体力的、精神的に不安がある。転勤などしたくなかった。だが抗う術を知らない池田さんは、命じられるまま見知らぬ土地へ引越した。

新潟では新しい病院で治療を再開した。症状に目覚しい改善はみられなかった。一年あまりが過ぎた二〇〇八年の夏、池田さんは決断をする。医師の提案で手術を受けることにした。顎関節を削る手術だった。

「口を開けてものが食べられるようになるかもしれない」

池田さんは期待した。手術の結果、口が少し開いた。喜んだ。しかしすぐに落胆する。いったん開きかけた口は時間とともに閉じていき、やがて元の状態に戻ってしまった。一センチどころか、もはや数ミリ程度しか開かない。

精神的に落ち込んだ。毎日が苦しかった。幸い新潟の職場には事情をわかってくれる同僚が何人かいた。それだけが救いだった。

そんななか、同年一二月、傷口に塩を塗るような出来事がまた起きる。公務災害で出ていた治療費の打ち切りである。

「治療が終わったという診断書を取ってこい」

上司が唐突にそんなことを言い出したのは、これより少し前のことだった。治療は続いているし、症状はむしろ悪化していた。釈然としなかったが、有無を言わせない強い口ぶりで上司は打ち切りを迫った。医師も首を傾げた。とうとう上司は、「治癒した」と下書きした診断書のひな形を持って主治医を訪ね、治療終了の診断書を求めた。

こうして「症状が固定した」という診断書が半ば強引に作られ、公務災害の医療費支給は中止された。

「体は思うように動かない。治療費は自分で払う。ほんとうに辛かったです」と池田さんは言う。流動食ばかり食べているせいで慢性的な体調不良にも襲われた。体が冷える。特に冬場はこたえた。身体障害者の認定を申請することにした。四級と認定された。それが気にいらなかったのかどうか、上司らの接し方は一層冷淡になっていく。

## 暴力事件

公務災害の打ち切りからしばらくたったころ、池田さんはあらたな事件に見舞われた。

通信隊の事務室でのことだった。ファクシミリのトナーを発注するため、池田さんは携帯電話で事務機会社と会話をしていた。その途中、若い後輩隊員が聞こえよがしに横柄な口をきいた。

「うるさいから外でしゃべってくれませんかねえ」

自衛隊の常識ではあり得ない乱暴な態度に驚いた。そこで、電話が終わった後に若い隊員をたしなめた。

「うるさいとはどういうことか」

向き合った二人の間に別の隊員が割って入った。Wという徒手格闘の選手だった。Wはやおら池田さんの方を向くと、みぞおち付近を手で突いた。不意の突き技に池田さんの体は後ろに飛んだ。衝撃は強烈だった。息ができない。骨が折れたと思った。

病院で診てもらうと、幸い骨折はなかったものの「前胸部圧挫傷」で全治二週間と診断された。みぞおちのあたりが赤く腫れていた。

暴力事件として調査と処分をすべき状況だった。しかし事態は逆の方向に進む。

隊長室に呼ばれたのは池田さんのほうだった。隊長、副隊長、総括班長、人事幹部、通信班長――幹部が勢ぞろいして待っていた。隊長が言った。

「Wはケンカの仲裁に入って止めただけだ。暴力は振るっていない」

話が違う。池田さんは驚いて訴えた。

「C隊員を呼んでほしい」

Cは現場にいた隊員である。Wの暴力を間近ではっきりと見ているはずだ。池田さんの求めでC隊員が隊長室にやってきた。真相を話してくれるだろう。池田さんは信じていた。ところが彼が口にした言葉に再び驚く。

「私は見ていません」

Cは嘘をついた。

(見て見ぬ振りをするのか――)

愕然とする思いで池田さんは言った。

「納得できません。警務隊に通報します」

刑事事件として警務隊に被害届を出したいと池田さんは訴えた。この「被害届」宣言に対して、隊長は気色ばんでこう返したという。

「お前、警務隊に通報したら自衛隊におれなくしてやるぞ」

「自衛隊におれなくしてやるぞ」は、単なるこけ脅しではなかった。

翌朝、池田さんは職場である通信班の事務室に出勤し、入口のドアを開けようとした。ドアは常に鍵がかかっている。中に入るためには数字盤に暗証番号を入力して開錠しなければならない。いつも使っている番号を打ち込んだ。だが開かなかった。不思議に思って後輩を呼んだ。現れた後輩が告げた。

「池田さん、もう通信班には入れません」

知らぬ間に職場を締め出されていた。

「基地業務小隊」に異動になったという通知は、この日の夕方に受けた。廃品回収はじめ基地内の雑用を一手に引き受ける部署だった。肉体労働も多い。

小隊の主《ぬし》はVという古参隊員だった。意地の悪い男だった。自身はコーヒーを飲んでぶらぶらしながら、池田さんには肉体労働を押し付ける。「痛い」と言っても聞く耳は持たなかった。痛みをこらえながら池田さんは廃品を運んだ。

それでも刑事告発する考えに後悔はなかった。警務隊に被害届を出してWの暴力を訴えた。調書が取られた。立件に向けた手続きが進んでいる――池田さんは信じて疑わなかった。

埼玉県の入間基地から飛行群司令が自衛隊機でやってきたのは、そんなある日のことだった。群司令とは航空自衛隊の最高級幹部である。池田さんは隊長室に呼ばれた。そこで、群司令が持ってきたという一枚の紙を見せられた。

「示談書」――紙にはそう書かれていた。これに署名して被害届を取り下げるようにと隊長は言った。示談書を読むと、双方に非があるという趣旨のことが書かれていた。つまりケンカだ。一方的に被害に遭ったのになぜケンカなのか。納得できなかった。

「お前のために飛行群司令がわざわざ来てくれたんだぞ」

隊長はしつこかった。

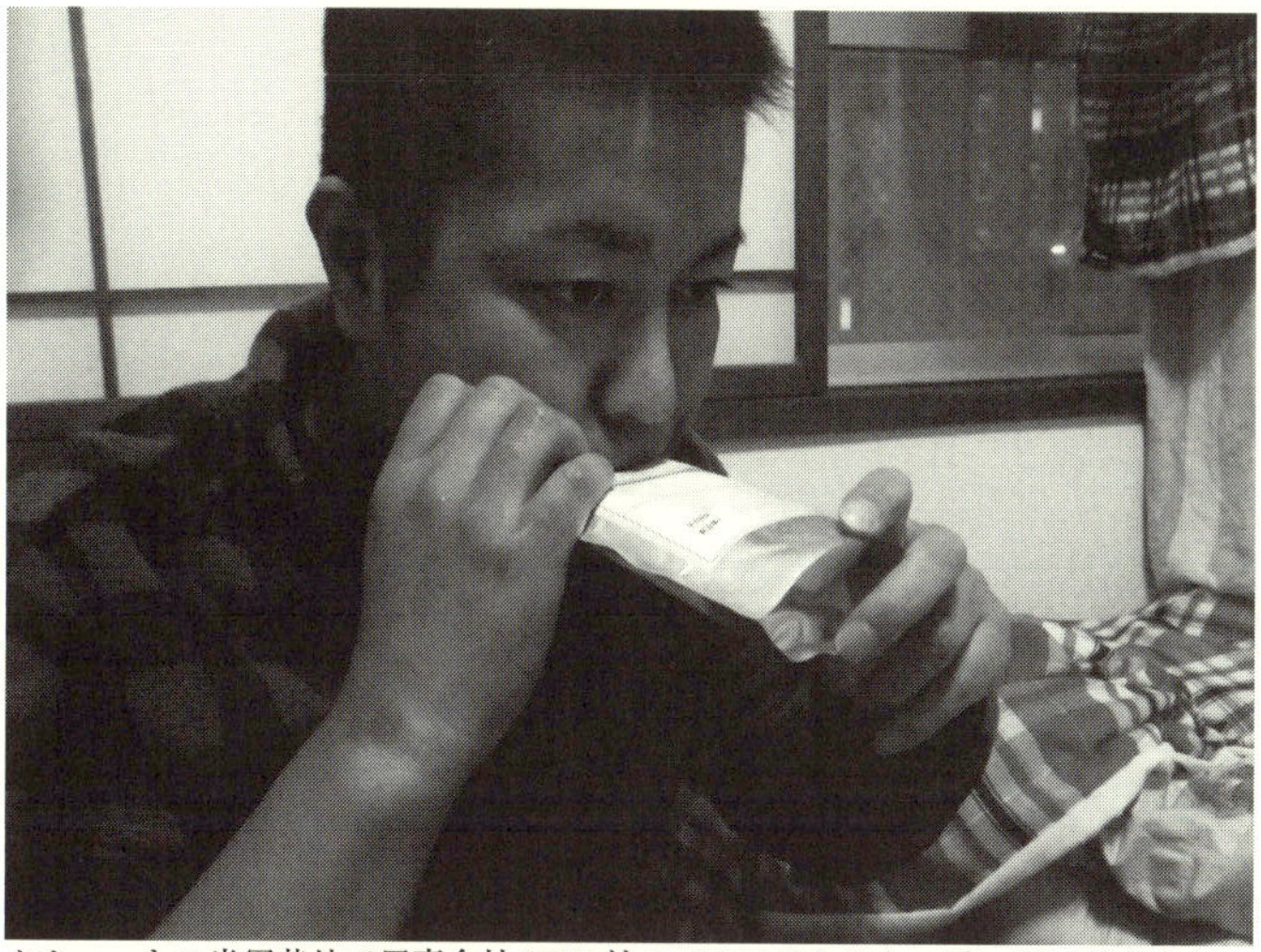

クウェートの米軍基地で軍事会社 KBR 社のバスにはねられ、重い開口障害などの後遺症に苦しむ池田頼将さん。流動食が欠かせない

悔しかった。しかし気力が弱り始めていた。とうとう池田さんは折れた。意に反する内容と知りながら示談書に署名した。署名が終わると、隊長は警務隊に電話をかけるように指示した。被害届を取り下げろという。言われるがままに電話をかけ、被害届を取り下げた。Wの暴力事件は「けんか」として処理された。

古参隊員Vのパワハラは日増しに激しくなった。痛くて動けないのを承知で「ダンボールの回収をやれ」という。「走れるようにしてやる」と運動場を走らされる。心身ともにもう限界だった。

「とても体が続かない。精魂尽き果てました……」

二〇一一年八月、池田さんは辞表を出した。クウェートでバスにひかれた日から五年が経っていた。

自衛隊を辞めても働くあてはない。体はぼろぼろだ。節々が痛い。開口は数ミリ。食事は医療用の流動食が欠かせなかった。うつ病も慢性化した。「負傷兵」に補償はない。頼りは生活保護だった。生活保護がなければ死んでしまう。そんな心細い暮らしが始まった。

## 真相を闇に葬らせたくない

死にたい――そう思ったことは数え切れない。実際に睡眠薬をたくさん飲もうとしたこともある。しかし踏みとどまった。自殺した多くの隊員のことが頭にあったからだ。

「僕が知っているだけで六人が自殺しました。二〇〇八年は特に多かったです。小牧で四人もの自殺者が出ました。ある隊員が死んだとき、こんなことがありました。上司らが亡くなった隊員の部屋をあさっていたんです。警務隊ではありませんよ。異様な雰囲気でした。いじめられているという噂がありました。遺族は何も知らなかったはずです。あとから基地に来て泣いていました。あのとき本当は遺書があって、それを捨てた。そんなことがあったとしても不思議じゃないと思います」

国家賠償請求訴訟を決心したのは、真相がうやむやにされることに我慢ならなかったからだ。「僕も自殺してしまったら、真相は闇に葬られたでしょう。それに家族が悲しむ。そう考えたら死んではいけないと。それにパワハラで苦しんだり自殺する隊員がもう出て欲しくないんです。このままでは自衛隊はムチャクチャになると思うんです」

池田さんは静かに語った。

アメリカの戦争のために派遣され傷ついた自衛官が、ほかでもない自衛隊自身によって捨てられる。自衛隊が守ろうとしているものは何なのか、つくづくわからなくなる。

（注）本稿は主に池田さんの証言とそれを裏付ける関連資料をもとに構成した。名古屋地裁で進行中の審理で、国側は、池田さんの健康状態は本人が主張しているよりも実際は良かった、帰国を妨害したり公務災害打ち切りを不当に行った事実はなかった、パワーハラスメントもなかった、などとして全面的に争う姿勢をみせている。

# 第4章

# 破　滅

19歳の自衛官が同僚とともに「脱柵」した陸自練馬駐屯地。彼は中央即応集団の要員に選抜されていた

## 一九歳自衛官タクシー運転手殺害事件

二〇〇八年四月二二日の未明、精鋭部隊「中央即応集団」に配属が決まったばかりの1等陸士（一九歳）による殺人事件が起きた。1等陸士は同僚隊員とともに練馬駐屯地を脱走し、格安切符を使って九州方面へ逃走した後、たどり着いた鹿児島でタクシー運転手を刃物で刺殺したのだ。金目当てではなく、動機ははっきりしない。一緒に脱走していた同僚は事件直前に別れた。殺人罪で鹿児島地裁に起訴され、懲役五年〜一〇年の不定期刑が確定している。

少年の名を仮に山村幹夫とする。

山村が北海道の高校を卒業後、陸上自衛隊に入ったのは二〇〇七年三月、「曹候補士」という一般入隊よりも昇任が早い枠での入隊だった。入隊の動機について山村は次のように供述している。

〈中学生のころ、テレビ番組でマンホールに暮らす外国の子どもの姿を見て強い印象を受けました。海外を見たいと思いました。行くなら若いうちに行きたい、四年間も大学にいくのは無駄だと思っていました〉（要旨。以下同じ）

入隊後は東京の練馬駐屯地に配属された。迫撃砲の弾薬手だった。まじめで成績もよく、上司の評価は高かった。実家は母子家庭で収入は乏しく、生活保護を受給していた。自衛隊の給料から毎月母親に仕送りをするという親孝行な隊員だった。

しばらくすると進路に関する意向調査が行われた。山村は中央即応集団（CRF）への異動を希望した。CRFは海外派兵を専門とした防衛大臣直轄の部隊である。近く新設されることになっていた。「海外にも行けるし格好いい」と魅力を感じたようだ。

CRFは精鋭部隊である。誰でも行けるわけではない。山村は訓練や勉強に励み、見事に選抜された。希望はかない、異動日が二〇〇八年三月末に決まった。

ところが、日がたつに従って気持ちに変化が生じる。再び山村の供述。

〈富士演習場で野外訓練をしていたとき、ほかの先輩が作業しているのを見ていました。すると、「使えねえな、なにやってんだ」「ばかやろう」とひどい言われかたをしました。それまでは、自分は先輩にたいする気配りができるほうだと思っていたのです。CRFでもこんな状況が続くのかと思うと嫌気が差してきました〉

CRFに行きたくなくなってきたのだ。とりあえず入るだけ入って、夏のボーナスをもらったらやめよう。山村はそう決心する。ところが、その考えを先輩に打ち明けたところ、釘を刺された。

「ＣＲＦは新設部隊なので二年はやめられんよ」

山村はそれ以上「退職」を口にすることができなくなったという。

しかし辞めたいという気持ちは収まらない。そして「脱柵」を決意する。「脱柵」とは旧日本軍時代の言葉で「脱走」のことである。営内舎から逃げ出してしまおうと考えたのだ。

## 脱柵から九州へ

脱柵計画について山村はこう考えた。

「自衛隊を抜け出したあとは九州に逃げる、スリや強盗をして生活費を稼ごう――」

同僚隊員の金田章太（仮名）を誘うことにした。彼が自衛隊を辞めたがっていることは知っていた。声をかけると、予想どおり金田は乗ってきた。

金田と二人で脱柵の準備をはじめた。まず用意したのは刃物だった。「強盗をやるにも必要だし、護身用にもいる」と考えたのである。

休日に二人で外出し、東京都内の刃物専門店に行った。山村は刃渡り七センチのサバイバルナイフを買った。これは後の凶器となる。金田もナイフ二本を買った。催涙スプレーとスタンガンも手に入れた。

出発は三月二〇日、春分の日の夜だった。山村と金田はＪＲ新宿駅から九州方面の鈍行列車に乗った。逃走資金は数十万円。二人で出し合った全財産である。

翌日、博多駅に到着した。漫画喫茶に泊まり、そこで「稼ぐ」計画を練った。インターネットの情報が頼りだった。

「一九歳の少年が空き巣で五〇〇〇万円も稼いだらしい。窓ガラスにガムテープを張り、ドライバーで割るとうまくいくはずだ――」

インターネットの記事を参考に、二人は空き巣を実行することにした。道具をそろえ、目をつけた一戸建てを狙った。だがガラスがうまく割れない。あきらめて逃げ帰った。

手口を変えることにした。こんどは路上強盗だ。持ってきたスタンガンで通行人を襲い所持金を奪うという計画だった。

「俺がスタンガンをやる」

金田は積極的だった。しかしいざ実行する段になると怖気づいた。逡巡した挙句、思い切ってサラリーマン風の男性に近づいた。顔を見られかけた。

「逮捕される……」

二人は怖くなり、何ひとつ盗らずに走って逃げた。

空き巣も路上強盗も失敗だった。そのときの心境を山村は捜査員に打ち明けている。

〈犯罪でも、すこし知識があればできると思っていたけれど、空き巣も路上強盗もできませんでした。いいことも悪いことも、なにやっても自分はダメなんじゃないかと落ち込んで、しば

らくゲームばかりしていました〉

　これから一週間あまり、二人は漫画喫茶でぶらぶらと過ごした。そしてある日山村は思い立つ。

「気晴らしに屋久島に行こう」

　金田も賛成した。

　三月三〇日。脱柵後二度目の日曜日だった。山村と金田は鹿児島をめざして博多駅を後にした。熊本県の人吉駅を経由して鹿児島中央駅に到着したのが翌三一日。駅前の漫画喫茶に宿を取った。翌朝の船で屋久島に渡るつもりだった。

　だが一夜明けると金田の気分が変わっていた。屋久島に行きたくないと不機嫌に言い出した。相手をしているうちに山村もやる気がなくなってしまった。「屋久島なんかどうでもいい」という気分になった。結局屋久島旅行は中止となった。

　数十万円あった所持金は一〇万円ほどに減っていた。山村の頭はカネにとらわれはじめた。どうにかしてカネをつくらなければならない。確実にカネをつくり確実に逃げる方法はないものか――。

　思案した挙句、あらたな計画を思いつく。

「タクシーを襲う。運転手が抵抗した場合は殺す」

　山村は金田に計画を打ち明けると、言った。

「いまだったら帰ってもいい。（預かっている）カネもわたす」

金田はすこし悩んでから答えた。

「やるよ」

二人はホテルに入った。他人に聞かれないようにするためである。部屋のなかで二人は計画の細部を練った。

ガムテープで運転手をしばる。抵抗した場合は殺す。免許を持っている金田が車を運転し、遺体を捨てる。できれば埋める。奪える金額は二万円から五万円だろう。実行日は二日後――。

山村は怖かった。気持ちを奮い立たせようと、コンビニ店で缶チューハイとビールを買って飲んだ。

「つかまるかもしれないので、お互いやりたいことをしておこう」

そう言って二人はいったん別れた。

ひとりになった山村は、鹿児島中央駅の本屋で立ち読みをするなどして時間をすごした。やがて落ち合う時間がきた。金田は戻ってこなかった。山村の供述である。

〈金田君が漫画喫茶にいないことに気がついたのは、夜の一一時ごろでした。次の日の昼ごろまで探しましたが見つからず、逃げたと知りました〉

またしても「計画」は失敗した。タクシー強盗には運転手役がいる。ひとりではできない。

山村は運転免許を持っていない。

〈真剣に考えていた自分がばからしく思えてきた。どうでもよくて。海外に行きたいとか、就職したいとか、悪いことしてでもお金を手にいれようとか。全部どうでもいいと……〉

山村は自暴自棄になりかけていた。

## 狂気の行動

ほとんど食事はしなかった。睡眠もろくにとっていなかった。野宿をする日もあった。二週間ほど無為にすごして四月下旬になった。とうとう所持金が底をついた。

「タクシー運転手を殺そう」

山村は決心する。もはや「強盗」目的ではなかった。

殺人の動機についての供述は二転三転している。逮捕直後は次のように述べている。

「駅前のコーヒー店で、余命が三年しかないと宣告された一四、一五歳の少女に会った。死刑宣告を受ければどういう気持ちになるか知りたかった」

その後、これは虚偽だったとして撤回した。そして、

「死にたかった、死刑判決を受けたかった」

と説明を変えた。さらに、

「殺人に興味があった。人を殺せばどんな気持ちになるか知りたかった」

とも供述した。何が本当の動機かは公判を通じてもはっきりしていない。金銭を奪っていな

いことから営利目的でなかったことだけは確かだ。

四月二〇日日曜日の朝、ある決意を持って山村は安宿を出た。ジーンズのポケットには東京で買ったサバイバルナイフが入っていた。日中は鹿児島中央駅の付近を徘徊して過ごし、深夜零時すぎに駅前のタクシー乗り場に向かった。三、四台が客待ちをしている。——恐怖にかられた。そしてそのまま宿にもどった。

翌二一日、月曜日。一夜明けても無謀な計画をやめようとは思わなかった。行動は前日と同じだった。朝方ナイフを持って宿を出る。明るいうちはコンビニ店で立ち読みをして過ごす。凄惨な殺害場面のある小説もそこで読んだ。夜がふけ午前零時をまわった。所持金は一〇〇円。それでスナック菓子を買って食べた。朝から何も食べていなかった。しかし空腹感はなかった。何か口に入れたかっただけだ。

タクシー乗り場に行った。客待ちの車が数台いた。先頭の白い車に近づいた。そして乗りこんだ。

「Iの浦まで行ってください」

山村は行き先を指示した。「Iの浦」とは、あらかじめ地図で目星をつけていた地名だった。

運転手は五八歳の男性Eさんだった。タクシー歴は九年。定年退職を数年後に控えていた。妻と二人暮しで子どもはいない。幼いころの交通事故が原因で左足に歩行障害がある。足が悪くても出来る仕事を、とタクシーを選んだ。タクシー会社の経営者によれば、Eさんの働きぶ

殺人現場に面した錦江湾。70年前は真珠湾攻撃の訓練場所だった。犯人の少年は貧困と虐待のなかで育った

りはまじめで、定年退職後も嘱託で働いてもらうつもりだったという。

「犯人を乗せたときは喜んでいたはず。そんな夫が不憫でならない」

事件後、Eさんの妻は語っている。鹿児島中央駅からIの浦までは、夜間割り増し料金で五〇〇〇円ほどかかる。鹿児島市内では上客の部類だった。

「上客」の山村は、ナイフを手に隠し持ち、後部座席で犯行の機会をうかがっていた。「小便がしたい」と言って車を止め、殺害するつもりだった。だが行動に移す勇気がなかった。暗い錦江湾を右の窓に眺め、車は国道一〇号線を走った。

ふと運転席からEさんが尋ねた。

「Iの浦のどこですか」

土地勘がない山村はとまどった。とっさに適当な返事をした。

「駅の近くで……」

それを聞いてEさんがまた尋ねた。

「○○駅と△△駅がありますが、どちらですか」

Iの浦に駅が二つあるとは知らなかった。しかも九州方言で駅名が聞き取れない。

「中心街にちかいほうはどっち?」

聞き直した。Eさんが駅名を繰り返した。やはりわからない。

「友人に聞いてみます」

出まかせを言って携帯電話のメールを打つ仕草をした。

(はやく殺さなければ――)

山村は焦った。

前方に町の灯が見えてきた。

「ここらあたりがIの浦だよ」

路肩が広くなっている場所にさしかかり、Eさんはタクシーを左に寄せて停車させた。

(今しかない)

山村は前方の分かれ道を指差して、尋ねるフリをした。

「こっちの道は?」

Eさんの注意が前方に注がれた。次の瞬間、山村は背後からEさんを襲った。右手を伸ばしてEさんの頭を押さえると左手のナイフで首を切った。叫び声を上げてEさんが暴れた。無線機に手を伸ばした。クラクションも鳴らした。山村はナイフを右手に持ちかえ、再び首を切りつけた。抵抗は続いた。手が何かにぶつかってナイフが落ちた。瀕死のEさんを後部座席に引き倒した。殴り、蹴った。

やがて静かになった。

司法解剖によれば、Eさんの致命傷となった首の傷は最深部で五センチあった。顔面には三〇カ所以上もの切創が残されていた。

〈……悲しいとも苦しいとも、感情はありませんでした。鉄くさいにおいが車内に充満していたので外に出ました。堤防をこえて浜へいき、海に入りました。流れがはやくて溺れそうでした。でもなんとか岸に上がりました。そろそろ警察がくるころだと思って現場にもどろうとしましたが、遠かったのでやめました。交番があったので中に入りました。誰もおらず、備えつけの電話器で自首しました〉

夜が明け、桜島の島影が浮び上がった。交番に急行した警察官によって一九歳の少年は緊急逮捕された。

## アルコール依存症の母

少年審判では三人の医師が精神鑑定を行った。すべて違う結果が出た。ある医師は精神的な未熟さを指摘し、別の医師はアスペルガー症候群（発達障害の一種）の可能性があると述べた。

検察に逆送致され、鹿児島地裁で刑事公判が始まったのは二〇〇八年夏だった。

「事件の背景には被告人の劣悪な成育環境がある」

弁護人はそう主張した。

〈両親は駆け落ち同然で結婚、自営業で経済的に苦しかった。だが父は毎晩のように飲み明かした。自動車レースに没頭して家庭をかえりみることはなかった。母は鬱憤のはけ口を幼い被告人に求めた。溺愛と激しい叱責を繰り返し、あげくに自分がアルコール依存となった。心理的虐待、ネグレクトとでもいうべき養育状態だった。離婚後、無一文同然となった母子が身を寄せたのは、かつて母を虐待した親族のもとだった。「父（夫）に捨てられた家族」とののしられた。その後も転々とした末に、家電製品もろくにない貧困状態で安アパートに逃れた。こうした成育歴が被告人の心に悪影響を及ぼし、事件の遠因となった――〉（弁護側最終弁論より要旨）。

情状証人として山村の母親が法廷に呼ばれた。証言台に立ったのはやつれた細身の女性だった。年配の主任弁護人がする質問に、たびたび取り乱しながら答えた。

**弁護人**　離婚はいつ？
**母親**　（山村が）五歳のときです。
**弁護人**　原因は？
**母親**　……借金で、借金で……お金が回らなくて、生活していけなくて。主人が家に帰ってこなくなって。どうしていいかわからず……精神的に不安定になってしまって……（借金の額は）主人は一〇〇〇万円くらい…わたしは三〇〇万円くらい。最初は母のところに身をよせて、昼間働いていました。その後、兄と……兄と母が一緒に住むということで……。
**弁護人**　あなたは仕事を継続してやっていたんですか。
**母親**　はい。ずっと仕事していましたが。兄のところから出されまして、家財道具もなく、精神的におかしくなって、仕事できなくなって……児童手当一六万円くらい出てたので、安いところ借りてなんとか……。
**弁護人**　生活保護は？
**母親**　はい、お願いして……現在も……体がよくなって……一所懸命……。

必死で説明しようとする母親を裁判長が注意する。

「時間が限られていますので、一問一答で答えてください」

「すみません」

泣きながら母親が謝った。ひと息入れるように間をあけて弁護人が続ける。殺人の動機についての質問だ。

**弁護人**　面会に行ったとき、なぜやったのか聞きましたか。
**母親**　はい、聞きました。
**弁護人**　どう答えた？
**母親**　自暴自棄になった。申し訳ありません……と。
**弁護人**　なぜ自暴自棄になったのか理解できましたか。
**母親**　いえ。（後略）
**弁護人**　嘆願書を書きましたよね。「経済的貧困が被告人の性格にゆがみを生じた」と。
**母親**　はい。それとわたしの精神状態が悪影響を与えて……不安定で半狂乱になることもあった。仕事で忙しくて、あまりかまってやれなかった……。

質問が自衛隊のことに移った。

**弁護人**　自衛隊に入ってほしいと言いましたか。
**母親**　いえ、言っていません。高い学校は無理だが、国立（大学）なら安いので受けてみたら、とは言いましたが、本人は自衛隊のほうがお金がたまると思ったのか……。

**弁護人**　経済的負担をかけたくないと思っていた？

**母親**　はい。

**弁護人**　（仕送りを）してくれとあなたから言ったことは？

**母親**　いえ、いっさい言っていません。

**弁護人**　毎月三万円くらい？

**母親**　はい。

**弁護人**　仕送りのお金はどうしました？

**母親**　食事代をひいて残りは貯金していました。

**弁護人**　（事件直前の）昨年三月にはどのくらい貯まっていましたか。

**母親**　……ボーナスとあわせて五〇万円くらい……。

**弁護人**　そのお金は？

**母親**　事件があって、すぐ旅費を工面する力がなかったので……。

また言葉が乱れた。しゃくりあげながら母親は言う。

「……お金を引き出させていただいた。とるものもとりあえずそれを使いました。もとの夫が一切お金をもっていないということなので……」

裁判長が太い声で口をはさんだ。

「要するに被告人の両親が鹿児島に来るのに使ったということですか」

母親は顔をうつむけて黙った。弁護人が穏やかに聞きなおす。

「全部使った?」

鼻をすすりあげていた母親が悲鳴のような声をあげた。

「……もうないんです。元のダンナにもっていかれてしまいました。申し訳ありません。おカネないんです。すみません、すみません……」

満席の傍聴席は静まり返り、空調の音が低く響いている。

弁護人席でメモをとっていた若い弁護士が補足質問に立った。子ども時代から、山村にはゲームやアニメに没頭する癖があったという。

**弁護人**　五〇時間ゲームに熱中していた。何十時間もアニメを見続けていた。そういうことを知っていましたか。

**母親**　知りませんでした。

答える声は小さかった。

**弁護人**　度をはずれたことをしていることについて、親としてどうすべきだと？
**母親**　日常生活に気をつけて、注意していればよかった……。
**弁護人**　向かい合うのは努力が必要です。やってきましたか。
**母親**　いえ。
**弁護人**　なぜ？
**母親**　わたし自身苦手だから……。
**弁護人**　あなたも苦手だった？
**母親**　はい……。

山村は被告人席に座ったまま、微動だにせず、目の前で証言する母親の背中を見ている。どんな表情をしているのか、傍聴席からはわからない。

## 捕まるつもりで

母親の尋問が終わり、山村に対する被告人質問がはじまった。なぜ殺人を犯したのか、弁護人が動機を問う。

「出頭しましたね、なんの目的で？」

「捕まるつもりでいきました。警察に捕まろうと……」

山村の口調は冷静だ。弁護人が続ける。

「捕まるためになぜ犯行をしたんですか」

「死刑か、あるいはずっと刑務所の中にいようと思っていました」

すらすらと答えた。だが内容は整合性を欠いている。「死刑」と「ずっと刑務所」がなぜ同列なのか。弁護人がただす。

「そこのところ、動機にとても飛躍がある。いま、時間がたってどう思う？　飛躍の部分」

「よくわかりません」

山村は言った。

「犯行して捕まって、死刑になる。そんなことをずっと考えてきた？」

「はい。やっぱり、鹿児島まできて、いっしょにきた同僚が逃げてしまって、それでどうでもよくなって。でも家や自衛隊に帰るつもりはなくて。自暴自棄になってしまった」

「自分の育て方の問題だとお母さんは言っているが」

「違います」

それまで冷静だった山村の口調がわずかに怒気を帯びた。

「多少不自由はあったがモノをあたえてもらって人並みに育ててもらいました。あくまで自分の問題だと思います」

そこまで言うと山村はまた冷静になった。質問が事件当時の場面に移る。Eさんを殺害したあと海に入った。そのときの様子を弁護人が尋ねる。

「砂浜でどう思った？」

「このまま死んでしまったほうが楽になれるだろうと。近くでナイフをすてて服を着たまま海に入った」

靴を履いたまま未明の海に入り、ゆっくり沖へ泳いでいった。携帯電話は捨てた。水は冷たかったという。

気象庁の観測記録によれば、事件当日、四月二二日の錦江湾の海水温度は約二〇度、波の高さは一メートルあまり。午前四時の気温は一六・七度、天気は薄曇りで北よりの微風が吹いていた。月齢一六の大きな月が見える穏やかな夜だった。検察によれば、山村はこの海で体の血を洗い、「海水浴」をしたという。対する弁護側は、自殺願望の現われだと反論する。

海水浴だったのか自殺だったのか。弁護人が質問を続ける。

**弁護人**　泳いだ？

**山村**　ある程度は泳ぎました。死のうと。水を飲みました。でも怖くなって。あがって交番にいって。

**弁護人**　水のなかにどのくらいいた？

**山村**　三〇分から四〇分くらい。

**弁護人**　死ぬ気持ちだった？
**山村**　はい。
**弁護人**　なぜ死ねなかったの？
**山村**　怖かった。
**弁護人**　なにが？
**山村**　死ぬのが……。

大潮で潮流は速かった。しかし岸に泳ぎついた。泳ぎは得意だった。ＣＲＦに選抜されるほどの体力と運動能力を持っているのだ。

「寒くて、どうでもよくて。交番にいかなきゃと……」

浜にあがり、ずぶぬれで歩きながら山村は思ったという。

日記の話になった。拘置所で山村は日記をつけている。そこにこんな言葉があった。

「罪悪感がわかない」

これに関連して弁護人が尋ねる。

**弁護人**　あなたにとっての罪悪感とは？
**山村**　悪いと思うが……。

**弁護人**　心から思えない？

**山村**　はい。

**弁護人**　心から悪いと思うのがつぐないだと？

**山村**　はい。

**弁護人**　思えないのはなぜ？

**山村**　……そういう性格なんだと思う。

山村の正面で聞いていた裁判長が、すこしいら立った様子で発言した。

「『そういう性格なんだろう』はいいんだけど。こういう性格ですから……それは開き直りですか」

はっとしたように山村が顔をあげた。

「開き直りではありません。刑に服そうと……」

言い終わるのを待たずに裁判長が強く言う。

「刑に服さないと性格が変えられないんですか。これまで性格変えようと努力しなかったんですか」

「はい……自分を変えるしかないと……」

山村が顔をうつむけた。裁判長はそれ以上何も言わなかった。静寂が法廷に戻る。弁護人がとりなすように尋ねる。

「逃げずに（事件と）向かいあってきましたか」

いっときの沈黙をおいて、力のない声がした。

「……半分は逃げてきたと思います」

法廷の時計が正午を指している。裁判長は休廷を告げた。

## 「なぜ自殺しなかったのか」

午後からは検察官の被告人質問が行われた。午前中と比べて空気は一転し、容赦ない追及がはじまる。

**検察官**　少年審判で、殺人が善か悪か、意見を述べる機会はありましたか。
**山村**　はい。
**検察官**　どう言ったの？
**山村**　法律があるから（殺人は）悪い、と言ったと思います。
**検察官**　あなたの価値観は？
**山村**　法律があるから悪いと……。

「死にたかった」と山村が述べている点については、さらに露骨な聞き方がされた。

**検察官**　死にたいというが、自殺しようとしたことはありますか。

**山村**　ありません。

**検察官**　自殺するにはどういう方法があると思う?

**山村**　……飛び降りとか……薬を飲んだりとか……車にあたってひかれたりとか……。

**検察官**　それくらいですか。

**山村**　はい。

**検察官**　なぜ死にたいのに自殺しなかったんですか。

**山村**　怖かったからです。

**検察官**　なにが?

**山村**　死ぬのが怖かった。

**検察官**　殺すのは怖くなかったのですか。

**山村**　すこし怖かった。

**検察官**　自殺するより殺すほうが怖くなかった?

**山村**　はい。

**検察官**　死にたいということはある?

**山村**　あります。

**検察官**　いまでもそう思う？

**山村**　はい……。

**検察官**　いまでも自分で（自殺）するとは思わない？

**山村**　覚悟は……怖くてできません。

検察官の追及は続く。死刑になりたいのなら、確実に死刑になれるよう、なぜもっと多くの人を殺さなかったのか――。

**検察官**　鹿児島中央駅周辺を何日かうろうろしていた。

**山村**　はい。

**検察官**　目の前を人が歩いている状態があった。

**山村**　はい。

**検察官**　なぜ殺さなかった？

**山村**　とても衆人環視のなかで通り魔のようなことはできない。

**検察官**　なぜタクシーを？

**山村**　タクシーならやれると思ったから。

**検察官**　なぜ路上で敢行することができない。怖い？
**山村**　わかりません。
**検察官**　確実に殺そうとしたからでしょ？
**山村**　……はい。
**検察官**　好奇心を満たそうと考えていたからじゃないですか。
**山村**　違います……。

検察・弁護側双方の質問が終わった。法廷は人いきれで蒸し暑い。壁の時計に目をやっていた裁判長が山村を見て聞いた。

「あなたは当時の自分と向きあって反省するのが怖いんじゃないですか」

「そうじゃないです……」

「自分の殻に閉じこもっているんじゃないでしょうね」

「……違います」

「苦労してきましたよね」

裁判長の口調がやわらいだ。

「……はい」

「友人がうらやましいとかあったでしょ」

「……はい」

「空想的な本をよんで、どっかで自分がそうなりたいというのがあったんじゃないですか」

「……はい」

諭すように裁判長が言う。

「しかしね、事ここに至ってはね、他の人の話を聞いて、振り返ってもらわなくちゃいけないんですよ」

「はい……」

裁判長は手元の書類をめくった。

「……調査記録にも、あなたの説明は疑わしい、というようなことがあるんですがねえ」

「はい」

「むしろ……そういう（殺人への）興味が殺人にいたった要因ではあるが、自分のプライドを取り戻したい、そういうことじゃないか、とある。そういうことは？」

「ないです」

山村は強く否定した。裁判長は山村を正面から見据えて続ける。

「自衛隊もうまくいかずに、路上強盗もタクシー強盗もうまくいかず、友人にも逃げられて精神的に追い詰められて、逃げ場を失って。大きなことをやろうとしたんじゃないですか？　自尊心のために」

「自尊心とかじゃないです……」

否定する少年の背中がわずかに揺れた。

鹿児島地裁にほど近い丘の上に、帝国海軍大将・東郷平八郎の銅像があった。眼下に錦江湾が光っている。日米開戦直前の一九四一年、真珠湾攻撃の出撃訓練が行われた海だった。「戦争のための戦争」というほかない無謀な戦争のはじまりの場は、およそ七〇年を経て、「殺人のための殺人」としか説明のつかない残虐な殺人の現場となった。

山村は海外に行きたかったという。外国の貧しい子どもの姿を見て心を動かされたこともあった。この感受性がなぜ幸福実現のために作用しなかったのか、何が彼を狂わせたのか。疲れた頭でいくら考えても答えはみつからなかった。

◇

## 追記

検察の求刑は無期懲役だった。これに対して鹿児島地裁（平島正道裁判長）は、懲役五年～一〇年の不定期刑を言い渡した。「今後、適切な教育を受けることで更生する余地がある」と情状酌量を認めた温情判決だった。検察側はこれを不服として控訴したが、福岡高裁宮崎支部はこれを棄却、一審判決を支持する判断を下し、判決は確定した。

陸上自衛隊のイラク派遣が二年目に入った二〇〇五年は、殺人や強盗致死、傷害致死といった現職自衛官の重大事件が多発した年だった。それまでは数年に一件程度だった死亡者を伴う犯罪が、この年は立て続けに四件起きている。

**二月二六日**　那覇市内で陸自第一混成団所属の男性3尉（二五歳）が、学習塾経営者の男性の頭をコンクリート片で殴打、さらに傘の先で顔を突いて死亡させ、現金約一〇万六〇〇〇円が入った財布を奪って逃走（強盗致死罪で懲役二〇年）。

**四月一〇日**　陸自木更津駐屯地所属の男性曹長（四九歳）が、口論の末に妻を絞殺（殺人罪で懲役九年）。

**五月二三日**　陸自霞ヶ浦駐屯地所属の隊員宿舎で、ヘリコプターの整備要員だった男性3曹（二七歳）が同僚の3曹（二五歳）を木製バットで殴って死亡させた（精神不安定により刑事責任は問えないとして不起訴、鑑定入院命令）。

**六月二四日**　海自第五航空隊（那覇市）所属の3曹（二八歳）が二女（一歳半）の頭を殴打、頭蓋内損傷で死亡させる（傷害致死罪で懲役六年）。

四件中三件は民間人が被害者となった事件だった。事態を重くみた防衛庁は、今津寛・防衛副長官（当時）を通じて綱紀粛正の徹底を指示した。

その翌年、二〇〇六年には、陸自通信学校所属の男性曹長（四二歳）が、異性関係のもつれから部下の女性隊員を殺害、自分は自殺未遂をする事件が起きた（同意殺人罪で懲役六年六月）。

エピローグ

# 加藤好美元１等陸尉インタビュー

加藤好美さんが会計隊長をしていた陸自古河駐屯地。後に会計監査隊として同駐屯地業務隊長の汚職を摘発する

## 暗部を暴いたらクビになる自衛隊という病んだ組織

### ――元古河駐屯地会計隊長・加藤好美さん（元1等陸尉）インタビュー

かとうよしみ　一九五二年生まれ、青森県浪岡町出身。一九七一年に陸上自衛隊入隊、古河《こが》駐屯地会計隊長、会計監査隊東部方面分遣隊など歴任。監査隊時代に古河駐屯地業務隊長の不正を摘発した。その数ヵ月後の二〇〇二年八月、業者と結託して公金を横領をしたという疑いで警務隊に不当逮捕される。証拠不十分で不起訴となるが、懲戒免職になる。処分撤回と弁済させられた五五万円の返還を求めて、自力で長年にわたって訴訟をやった。結果、敗訴確定。しかし「横領」の汚名は事実上否定された。

不正を正そうとした誠実な隊員が組織を追われ、裏金づくりに励んだものが出世する――陸上自衛隊古河《こが》駐屯地の元会計隊長・加藤好美さんは、そんな自衛隊のゆがんだ姿を嫌というほど見てきた一人である。カラ出張による裏金づくりに疑問をもってこれをやめさせ、予算が足りない部分は身銭を切って仕事を回してきた。それほどの思い入れを持って働いてきた非キャリアの幹部自衛官に対し、警務隊はあらぬ「横領」の疑いをかけた。証拠不十分で不起訴になると、今度は理不尽な懲戒免職処分で組織から追い払った。汚名を晴らすため自力で裁判を闘うこと一〇年、訴訟は負けたものの、警務隊自身のカラ出張などの不正を暴露。また裁判のなかでも国側の不正を明らかにした。

「いざとなったら組織は守ってくれない。自分の身は自分で守らないといけない」と話す加藤さんにインタビューした。

**大学に行きたいから自衛隊に**

**——自衛隊に入った動機から教えてください。**

実家は青森県浪岡町で、もともと先生になりたかったんです。歴史が好きで史学の先生になろうと思っていた。でも私大にいく金はなかった。兄の同級生が自衛隊で募集やっていて、自衛隊は学校行かせてくれるという話を聞いた。手っ取り早いと入隊しました。人より苦労するかもしれないけど、努力すればいけるんじゃないかと。それが発端ですね。

**——何年ですか。**

昭和四六（一九七一）年です。教育隊の成績はトップでした。最初の職場が青森駐屯地の会計隊です。

**——自衛隊に行きながら大学に通ったわけですね。通信制？**

はい。最初は青森駐屯地で日本大学の通信制やって、二年後、市ヶ谷駐屯地に異動になって

元陸自古河駐屯地会計隊長で元1等陸尉の加藤好美さん

からは夜間コースに編入しました。仕事終わってから水道橋の大学に行って、夜の九時ごろ戻ってくる。週に二、三日。忙しかったですよ。

**——会計隊で最初にした仕事はなんですか。**

契約係を命じられました。契約を結んで物品を入れるところです。具体的には、まず補給科という部署から「○○を買ってくれ」と調達要求書がきます。これに基づいて業者をいくつか選定して、入札して、落札した業者に物を納めさせる。そんな仕事です。

**——どの業者を選んだらいいか、下っ端の隊員にわかるんですか。**

だいたい決まっているから難しくはありません。文房具はこれこれの三社、雑貨は三～五社といった具合に指名業者のリストができている。糧食は五〇社ほどありましたが、食品別に、魚は三社、肉三社、冷凍品は五社といった調子です。

**——棲み分けができている。**

そう。ですから業者の選定で悩むことはない。

**——すぐに仕事を覚えた？**

三ヶ月ほどすればたいていのことは出来るようになりました。難しい仕事ではありません。

——**自衛隊の印象はどうでしたか。**

自衛隊というのは怖いというイメージがあったんです。でも入ってみるとそんなに怖いところではないなと思いました。いじめもありませんでした。自分のことやっていればいい。上の言うこと何でも「はいはい」とやっていれば何ら問題はない。やれと指示されたことをやっていれば、本当に快適なところだなと。

## 公然とやっていた「カラ出張」

——**青森から市ヶ谷、その後もずっと会計隊。気がついたことはありますか。**

「カラ出張」ですね。青森駐屯地のときからあった、これは。入ってすぐにわかりました。陸曹があけすけにやっていましたから。出張しないのにみんな名前貸してね、旅費の精算請求やって、払って、その現金を責任者が集金する。先輩たちのそうした作業を横で見ていました。実際に関与するのは幹部や陸曹で、陸士はやりません。

——**カラ出張を頼むのは誰ですか。**

会計隊の場合は、隊長の指示に基づいて先任陸曹がやります。「あなた、今度はいつからいつまで旅行したことになっているから」と頼むわけです。

——**どこに出張したことにするんですか。**

だいたいが行き先はほかの部隊です。一泊の旅程で二万円から三万円。少し遠いところだと二泊しますから五万円ほどになります。架空の旅行命令書つくって金にするわけです。

**――そうやって作ったお金は？**

私が勤務した部隊では、金庫に現金で溜め込んでいましたね。三〇万から五〇万円あったと思います。もっとも、懐に入れているわけではない、部隊のために使っているというのが当時の認識でした。本当は偉い人（高級幹部）が来たときの飲み食いにも使っていたんですがね。官官接待。鍵の管理は先任陸曹。隊長が月に一度帳簿を確認していました。

**――どのくらいの頻度で「カラ出張」やるんですか。**

普段は三ヶ月に一回から二回。金額にしてそれぞれ一〇万円くらいですかね。それが年度末の一～三月は予算が多い。上級部隊から出張の予算枠がくるんです。一〇回前後やって五〇万円ほどつくっていました。

**――上級部隊が予算を握っている。**

そう。

**――カラ出張が犯罪になるといった意識は。**

まったくない。カラ出張という言葉も知らなかった。何年かして警察の裏金づくりが話題になった。それではじめて、これが「カラ出張」なのかと。警察もやってるんだな、自衛隊だけじゃないんだなと。

**――「怖い」という印象の自衛隊だったが……。**

上司の言うとおりにしていれば何も言われない。緩いな、ビニールハウスだな、楽ちんだなと、そう思いました。

## 警務隊がカラ出張で裏金づくり

**――青森から東京の市ヶ谷に移って、大学に通いながらそこで3曹に昇任するんですね。入って何年目ですか。**

入隊四年目。

**――早いですね。**

最短で昇任しました。そして昇任から一年後に大学を卒業しました。

**――教員免許を取った。**

ええ。迷いました。先生になるか、それとも自衛隊に残るか。結局、「ここまできたんだから幹部目指したらどうか」と上司に言われて自衛隊に残ることにしました。

**――市ヶ谷でもカラ出張をやっていたんですね。**

はい。陸曹になってからは、今度はカラ出張の当事者として旅行請求書を書くようになりました。上司の指示です。悪いとは思っていない。「自分もそういう地位になったのか」といった感覚ですね。

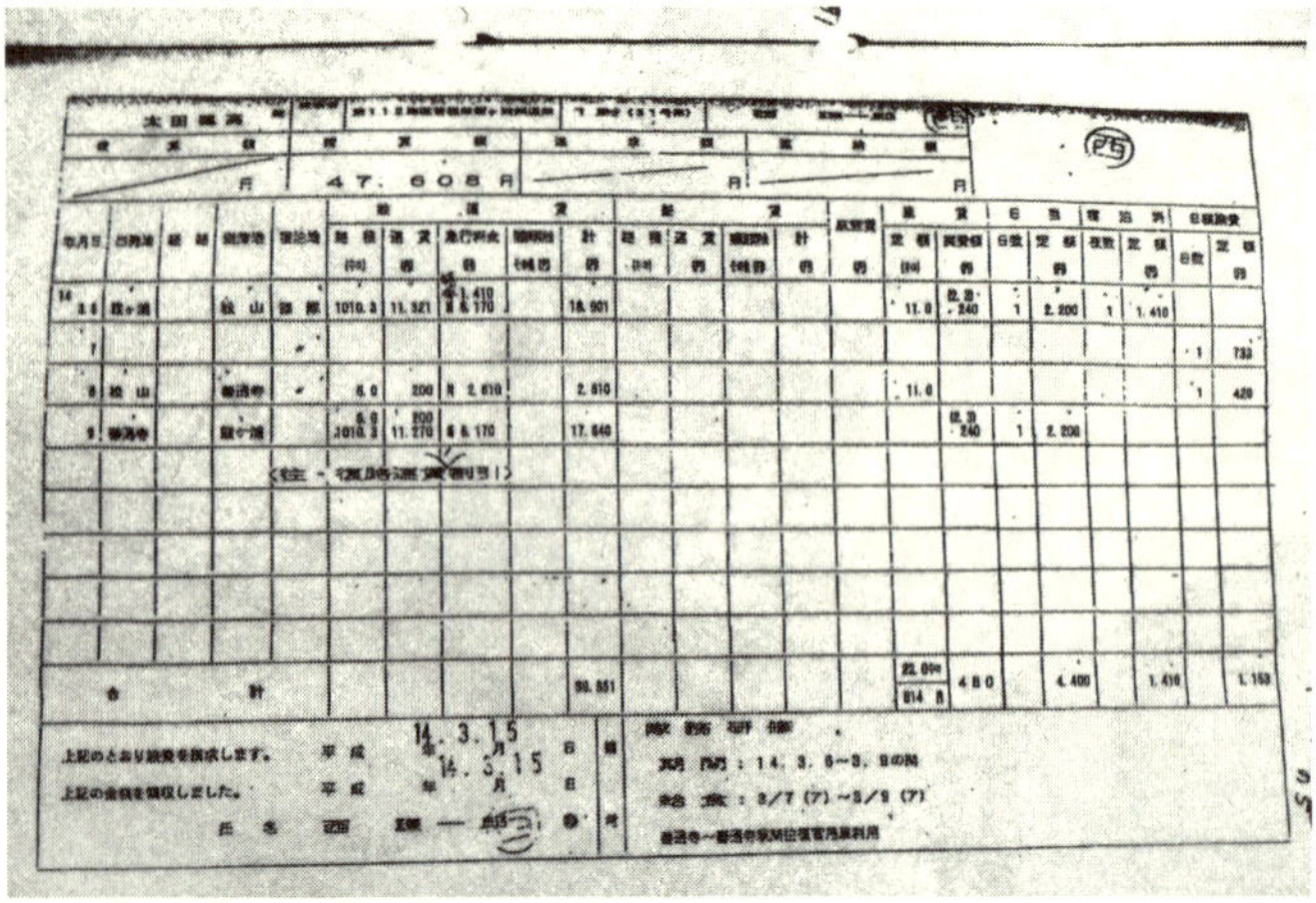
上記のとおり旅費を請求します。　平成 14.3.15
上記の金額を領収しました。　平成 14.3.15

自衛隊の警察組織である警務隊自らカラ出張で裏金を作っていた。架空の出張に基づく旅費請求書

**――昇任して重要な任務を任された、信頼されたと。**

そう、「カラ出張」を任せられるほど信頼された。あと、カラ出張やると隊員に駄賃が出るんですね。若い陸曹の出張だと旅費は三万円くらい。これをやると駄賃が約一割、三〇〇〇円とか出る。先任陸曹が「弁当代、何か食べて」と言って現金でくれるんです。最初は「何だろうな」と不思議に思いました。返せば周りから変な目で見られるし、言うとおりにするしかありません。弁当代くれずにまるまる持っていかれたこともありますが。

**――市ヶ谷の裏金はどのくらいあったんですか。**

一〇〇万円は最低あった。部隊が大きいから。

**――市ヶ谷の後は。**

習志野駐屯地です。ここでも会計隊。そのときに警務隊もカラ出張やっていることを知ったんです。

**――犯罪を取り締まるはずの警務隊が裏金づくり。なぜわかったんですか。**

警務隊と会計隊が合同でカラ出張やっていましたから。

**――どういうことですか。**

習志野で私は旅費係でした。隊員の出張旅費を支払うのが本来の仕事ですが、カラ出張の作業もやらされました。誰がどこにいくか、隊長と先任陸曹が決めた内容にそって必要な書類を作成するんです。すると、警務隊の庶務係が「これお願いします」と旅費の請求あげてきた。それを会計隊で処理して出納係が現金を払う。実際は出張なんかしていない。

**――警務隊が公然と裏金づくりをやっている。**

上級部隊はもっと金もらっているんですから、裏金。その余った余剰を駐屯地に回しているんだから。上に行くほど裏金はすごい。

**――警務隊のカラ出張、どう思いましたか。**

これはびっくりしたね。なんだ警務隊もやっているのかと。警務隊というのは犯罪を取り締まるところだから厳正にしなきゃならないのにね。率先してカラ出張やっているような調子。

## 規律が一番たるんでいた陸上幕僚監部

**――習志野の次は?**

陸上幕僚監部の中央会計隊。当時は六本木にありました。いまの東京ミッドタウン(東京都港区）のあたりです。出納係でした。

**――順調な出世。**

そう。そこで驚いたのが、飲み食いのすごさです。交際費というのか会議費だったか。陸上幕僚長とか偉い方が、外国の武官まじえて飲み食いしている。その金額が何百万単位。

**――月に。**

月に。普通の部隊ではあり得ない。なおかつ職場で宴会やる。もう夕方の五時がポンと鳴ると、その場で缶ビール開ける。

**――会計隊も？**

会計隊もやっていた。多くはないけど。当直以外は陸上幕僚監部ぜんぶといってもいいと思う。夕方になると各部署で宴会がはじまってたね。規則ではだめだけど当たり前。となりの部屋は陸幕人事部の給与室だったかな。ここからは芋焼酎の臭いがずっとしていた。「白波」か。鹿児島の。

**――ほかの駐屯地ではそういうのはなかったんですか。**

ほかではなかったね。駐屯地では「厳正厳正」ってやっているけれども、陸上幕僚監部ほどだらけたところはなかった。とにかく飲み食いの費用がすごい。

**――支払いは会計隊がやる。**

各部の庶務が請求の書類もってくる。それを払うんです。私は出納係だから。料亭とかの請求書が回ってくる。一〇万、二〇万、三〇万。

**――ツケで飲み食いしている。**

防衛庁が払うからと。スナックの支払いもありました。

**――何百万円というと、そういうのが月に何十件もある？**

そう。幕僚長のほかに部長たちね。将官。こんなに使うとは思わなかったね。接待して。いまはどうか知らないけど。

**――裏金になっている可能性はないですか。キックバックさせたり。**

あると思うね。防衛産業の業者も頻繁に来るんだから、飲み食いには裏金使っている。

**――カラ出張もやっている？**

やっていたね。一番多かった。中央会計隊長の階級は将補、総務課長は2佐。常時金庫に二〇〇万円くらいありました。

**――これはひどいなと思った？**

そう。なんだ、陸幕の金バッヂ偉そうにつけた人がね、飲み食いひどいなと。一番たるんでいる。金も本当にばんばん使っていた。駐屯地は金がないのに、こんなに飲み食いしているとは思わなかった。

**――金がないからカラ出張でやりくりしていた。そういう認識だった。それが何百万も飲み食いにつかっているとはどういうことかと。**

建前は立派なこと言っているけど、飲み食いして、裏金もつかってさ。それが当たり前のようになっている。腹立ちましたね。

**——旅費以外の裏金はあるんですか。**

記念日だね。花見会とか餅つき大会とか、盆踊り大会、駐屯地でいろいろやるでしょ。業者呼んでご祝儀と称して金集めて、全部部隊の裏金になる。

**——一回でどのくらい集まる？**

駐屯地で招待者が二〇〇人として、五〇〇〇円集めて一〇〇万。ま、二〇〇万は集まると思いますよ。それを、創立記念日、盆踊りというふうに年に二回とか三回とかやる。

**——この裏金づくりは誰がやるんですか。**

駐屯地司令業務室の広報担当です。そこが仕切ってほかの部隊に還付するわけです。「今回これだけご祝儀もらったので、あんたの部隊にはこれだけやる」という調子。

**——配当みたいなものですか。**

そう、配当。でもほとんどは駐屯地司令のための裏金。一般的には司令業務室長が管理するけど、なかには会計隊長が管理するところもある。私の友人に練馬駐屯地の元会計隊長がいるんですが、彼は「駐屯地司令の裏金を管理していた」と話していました。

**——司令の裏金は何に使われるんですか。**

部内外の者との飲み食いや交際費です。ポケットに入れているのと同じことだと思います。

## 一回の演習で「八〇〇万」の裏金

**——陸幕の次はどこに行ったんですか。**

幹部（3尉）になって仙台駐屯地。あと岩手駐屯地、群馬県の相馬原《そうまがはら》駐屯地。このときは会計隊契約班長です。

**——裏金、カラ出張は？**

もちろんあった。相馬原駐屯地（群馬県榛東村《しんとうむら》）は一二師団がある（現在は第一二旅団）。はじめて師団のある駐屯地に勤務しました。師団長は方面総監の次に偉い人なんですね。総監へのステップ。陸将。三つ星。

**——うまくいけば陸幕長のコース。**

そう。この師団長のいる一二師団に会計課ってあるんです。駐屯地の会計隊とは別。ここであたらしい裏金つくる方法を知りました。

**——どういう？**

北方機動演習（現在は協同転地演習）という大きな演習があるんです。師団で数年に一度、北海道の矢臼別演習場にいってやる。その糧食費の水増しと架空調達、それを師団の会計課長がやるんです。すべて師団長の裏金になる。師団の会計課長自身が「八〇〇万作らないかん」と駐屯地の会計隊長の部屋に来て言いました。一回の演習で八〇〇万円の裏金です。

**——水増しと架空契約ですか。「八〇〇万円作らないかん」というのはどうつもりで言ったんでしょ**

**うか。**

俺はこういう大変な仕事やっているんだと。俺は師団長の金を一所懸命つくっているんだ。信頼されているんだと。

**――自慢ですか。**

そういうことですね。つまり、そこの会計課長をうまくやれば、もう出世ですから。次は陸幕のほうへ行くわけですよ。

**――師団会計課長の階級は?**

2佐だから、次は1佐クラスのポストへ行く。で、そのときに師団長の飲み食いした店の精算に、師団の会計課長と一緒に行ったこともありました。前橋市内の店。会計隊長と師団の会計課長仲いいから。隊長が行くのは大変だから代わりに同行してくれと頼まれて、ツケの精算に行った。それで飲んで帰ってくる。

**――ああ、結局自分が飲みたいから誘ったわけですね。**

そう。何日か前に師団長が飲んだのも一緒に精算してくるわけです。師団の課長は裏金持っているから。払いにいって、別に自分飲んできたって構わないわけです。

**――どのくらい払った?**

だいたい一回で一〇万円から二〇万円ですね。高級なスナックや料亭ですよ。

**――師団長のなじみ?**

なじみっていうかね、師団の会計課長がある程度探して、ピックアップしておくわけですよ。申し送りになっているわけよ。

**――師団の会計課長というのは重要任務なわけですね。**

重要任務。裏金づくりもしなきゃいけないし、店も探す。開拓する。

**――「ビール券」という不正もあったと伺っていますが、これはどういうことですか。**

師団の会計課長が握っている雑消耗品という科目がある。文房具とか。これを業者に契約させておいて「ビール券で精算させてくれ」と頼まれたことがあります。五〇万円。架空の調達要求書持ってきて。会計隊が契約の責任者だから、私は業者選定して、調達要求どおりに発注して、じつは物の代わりにビール券を納めるよう手配しました。ビール券は業者が師団の課長のところに直接もって行きました。長年取り引きのある業者だからツーカーです。

**――複雑なやり方ですね。**

師団司令部の会計課というのは、予算執行はできても契約権限がないんです。だから会計隊の協力が必要になってくる。ただし、旅費は自分のところでできる。それから、演習の糧食費は会計隊を通さなくてもよい。北方機動演習というのは師団会計課長が自ら契約できるんです。だから自分たちだけで裏金ができるんです。

**――演習はおいしい。**

そう。おいしい。

**——その一二師団の会計課長はどうなったんですか。**

1佐になりましたよ。

**——出世するためには裏金作らないといけないということですか。**

そう。

**——そんなに出世したいものなんですかね？**

偉くなればなるほどいい天下り先を斡旋されますから。

**——年賀状とかきますか。**

いっさいなし（笑）。

## 裏金をやめようと決心

**——相馬原の後、古河駐屯地の会計隊長になります。一九九八年三月。**

はい、それで私は「カラ出張」も「裏金」もやめようと決めたんです。もうそういう時代じゃないと。前任者から三〇万円渡されました。裏金ですね。それを先任陸曹に言って金庫に入れさせました。帳簿はなかった。三〇万はそれまでで一番少なかったですね。

**——カラ出張やめて金は足りたんですか。**

足りません。やむをえず自分の金を使いました。歴代の会計隊長は自分名義の口座を作るんですね。「準公金」と呼んでいました。予算でまかなえないものをそこから出して使う。コピー機のトナー代や演習のときの備品など年間で一〇〇万円以上は必要なんです。夜間の演習するのに懐中電灯が一個か二個しかない。持っていない若い隊員には買ってやるしかない。演習のときの夜食とかも予算が足りない。土塁つくるときのベニヤ板とかの資材も予算がないので自前で買うほかない。二年の任期で、準公金の口座には自分の金を合計で二六〇万円入れました。異動になって解約したときの残金は一七〇万円。

**――一〇〇万円の身銭を切った。**

はい。カラ出張いっさいやりませんでしたから。

**――部下の隊員たちはどうでしたか、カラ出張やらないという隊長をみて。**

喜んでいたでしょうね。できることならやりたくないですから。

**――カラ出張をやめるという決断をした。でもその「代償」を払うことになるわけですね。「トナー代」で足元をすくわれる。これは後にお伺いします。古河駐屯地に二年いて、次は会計監査隊東部方面分遣隊。どんな仕事を?**

適正に経費が執行されているか、また調達された物品が適切に管理されているか。要は無駄なことをやっていないかを監査するのが本来の仕事です。ところが実態は、会計検査院の検査に引っかからないよう、不正を隠す「指導」をしていました。カラ出張とかしているのみんな知っていますから、検査院が来ても問題にならないように書類を整えておきなさい、裏帳簿など都合の悪いものを隠しておきなさいと指導するんです。

**——ばれないように。**

ばれないように。馴れ合いです。対検査院のための事前監査です。自衛隊がカラ出張をやっているというのがわからないよう、ちゃんと書類を整えておけと指導する。

**——アリバイを作っておけと。**

そう。

**——ところが、そこで古河駐屯地業務隊の不正をあげるわけですね。**

平成一三（二〇〇一）年秋の定期監査のときでした。監査隊に着任して一年あまりたったころ。業務隊長のKという1佐が工事に関連して業者から金品をもらっていた。

**——古河駐屯地というと加藤さんがいた職場ですね。**

そう。

**——K業務隊長を摘発することについてはどう思いました？**

はっきりいって嫌だったね。一年間一緒に仕事した間柄。私がすべてKの悪事を暴露したと、そう思われるにきまっている。また、カラ出張もやる（摘発する）ことになるんですが、これは摘発しないというのが不文律でした。タブー。これをやれば全自衛隊の反感を買うのは目に見えていました。

**——反感を買う。**

やっちゃいけないことだったんです。

**――でも、やると決めたのは？**

会計監査隊東部方面分遣隊の隊長です。

**――どうして隊長はやることにしたんですか。**

内部告発があったんです。うちの監査隊長と仲のいい防大同期の隊員です。K1佐はその隊員の一年先輩。二人は仲が悪かった。で、隊員はK1佐の悪事を摘発してくれるよう監査隊長に情報提供したというわけです。端緒は私じゃない。

**――どちらかというと人間関係で、いままで誰もやらなかった不正を摘発することになった。**

そう。みんな驚いた。ただK1佐の悪事というのは目に余っていました。防大の同期がやっている業者があって、給湯工事の入札に参加した。結果落札できなかった。でも下請けとして工事に潜り込み、仕様書と違う廉価の給湯器を入れさせて金を浮かせた。そして業者からゴルフバッグをもらっていたというものです。

**――入札ではずれた業者が下請けで復活、そして金を浮かせて「賄賂」をおくった。ひどいですね。**

そう。

**――刑事事件には？**

ならなかった。うやむやです。結局業務隊のカラ出張だけを問題にして、あとは不問。警務隊も逮捕しようと動いていて、業者や関係者の供述もとっています。しかし立件しませんでした。K1佐は依願退職しましたけどね、それでおしまいです。懲戒免職になる見通しだったのを陸上幕僚監部がもみ消したとも言われています。

**逆恨みで「横領」容疑**

**――さて、この事件から半年くらい後に加藤さんは警務隊の捜査を受けることになるんですね。**

はい、平成一四（二〇〇二）年六月に、自宅と職場を警務隊が家宅捜索しました。古河駐屯地会計隊長時代のことについて、公金を横領したという容疑をかけられたんです。潔白に自信がありました。K1佐の件の逆恨みだとピンときました。俺をつぶしにきたなと。それで身を守るために、こちらも当の警務隊のカラ出張全部調べたんです。もし何かやったら俺もやり返すぞと。

**――調べてどうでしたか。**

驚いた。カラ出張やっているのは知っていたけど、犯罪を取り締まる警務隊がこれほどあからさまにやっているとは思わなかった。たとえば警務隊長自身が年度末に一週間も出張している。しかも四国の松山。旅費は後払い。カラ出張だとすぐにわかりました。逮捕されて懲戒免職になった後に暴露しました。国会で問題になりました。私が横領だと疑われた「代替行為」もやっていました。

**――代替行為というのは。**

発注したのとは違うものを納品してもらう。金物で注文して文房具入れてもらうとか。ある科目の予算が足りないときに別の科目の予算を流用するやり方です。公正な方法ではないですが、普通にどこでもやっていた。私はカラ出張で裏金つくるのやめました。でも代替行為はやらざるを得ませんでした。そうしないと仕事にならない。

**――代替行為は警務隊もやっていた。**

そう。カラ出張も。

**――その警務隊に逮捕されたのが家宅捜索から二ヶ月後の八月です。**

公金五五万円を横領したというんですね。ぜんぜん身に覚えがない話。「着服したというのなら証拠見せてください」と言った。証拠はない。それでも逮捕した。

**――事情はちょっと複雑ですね。**

「コピー機のトナーを一〇本買いたい」という相談が業務隊から会計隊にきた。それがことの始まりです。トナーは一本二万円～三万円。本来トナーは「庁費」という科目で買わなければなりません。しかし実際には足りない。というのも、コピー機自体が公費で買ったものではないんですね。「寄附受け」といって自衛隊ＯＢに寄附してもらったものです。でもコピー機使わないと仕事ができない。

**――トナーを買う必要がある。**

表向きコピー機は存在していないことになっているからトナーの予算はありません。だから裏金で買うしかなかったんです。業務隊もずっと裏金で買っていました。カラ出張でつくった裏金です。ところがこのときは、業務隊の補給科長が私に相談してきた。つまり、「庁費」にはトナー分の余裕はないけれども、「営舎維持費」という科目があった。これが年度末の配分で余裕があったんです。この営舎維持費を流用してトナーを買えないかという相談でした。

**——代替行為ですね。**

はい。等価交換方式とも呼んでいました。私は業務隊補給科長の依頼を承諾して、Nという金物屋に発注を行いました。N社は本来トナーを扱っていません。でも「代替行為」のことがわかっている業者じゃないとだめなので、N社になったんです。トナー代に相当する二三万円分を、トナーではなくて「営舎維持費」で調達できる金物で発注しました。

**——金物で発注して、トナーを納品させる。**

ええ。N社はトナー一〇本を取り寄せて業務隊に納品するはずでした。この発注の際、私は一緒に会計隊のトナーも買うことにしたんです。一〇本相当約二五万円。会計隊のコピー機も「寄附受け」でしたからトナーの予算はありません。

**——会計隊でももともとは裏金でトナーを買っていた。**

私の前任者まではそうでした。だいたい月に一本、年間で一二本、三〇万円くらいは必要でした。でも私はカラ出張やらないと決めていましたから裏金はない。だから自腹を切っていたんですね。そこに、「営舎維持費」に余裕があるというのでこれを使うことにしたというわけです。業務隊のトナーと会計隊のトナー、さらに倉庫整理用のコンテナ類や使い捨てのナイロン手袋、草刈用の鎌といった雑貨を八万円分ほど一緒に注文しました。これは「営舎維持費」で正当に買うことができるものです。部下からかねて要望されていたので注文したといういきさつです。

**──N社への発注金額は合計で約五五万円。トナーとコンテナなどが納品される予定だった。**

はい。

**──ところが発注後に事情が変わったんですね。**

ええ。N社に注文していることを知らない業務隊の隊員がトナーを別会社（水戸ゼロックス）に注文してしまったんですね。そこで業務隊は水戸ゼロックスの請求書（二三万円）を会計隊に持ってきて「カネを払ってほしい」と言ってきたんです。

**──払ってほしいというのはどういうこと？　裏金で払うつもりだったのでは？**

たぶん裏金を使いたくなかったんだと思います。ほかにも足りないものがあるでしょうから。営舎維持費から出せば裏金を温存できますから。

**──もともと業務隊のトナーはN社が納品するはずだった。それが水戸ゼロックスで買っておいて、会計隊に「払ってくれ」と。**

そう。

**──どうしたんですか。**

仕方がないからN社に電話をして事情を説明した。業務隊のトナー一〇本分については納品するんじゃなくて、請求元の水戸ゼロックスに代金を払ってくれないか、そして残りの注文分である会計隊のトナーやコンテナなどの雑貨は、計画どおり現物で納品してほしい。

**――ややこしいですね。**

ややこしい。だからN社は、トナー代分（約四七万円）の金を全額返すと言ってきたんです。自衛隊が水戸ゼロックスに注文したトナーの代金をN社に払わせるというのも変ですからね。金返すからそっちで払うなり買うなりしてくれ、N社からはコンテナなどの注文（約八万円分）だけを納品する、そう言ってきた。

**――代替行為で発注したトナー代四七万円は返金する。**

はい。それでN社から私名義の口座に四七万円が入金されました。

**――それが「横領」容疑に問われた。**

ええ。振り込まれたのは例の「準公金」口座です。N社から四七万円。それを私が横領したと警務隊はいうわけです。おまけに、コンテナなどの代金としてN社が受け取った八万円についても、私が横領したと言ってきた。

**――本当は違う。**

そう。「盗っただろう」というから「違う、見たらわかるだろう」と説明しました。まず四七万円のうち二三万円は水戸ゼロックスに払っている。そして会計隊のトナー分の代金については別のトナー会社に払って納品させた。また、返金の差額である八万円は、コンテナなど注文どおりの物品がN社から納品されている。結局立件できずに不起訴です。

**――疑いは晴れた。**

ところが、不起訴になって釈放されたとたんに懲戒免職です。驚きました。なぜ罪が晴れたのに懲戒免職にならなきゃいけないのか。逮捕されたことによって自衛隊の信頼を損ねたというのが理由でしたが納得できません。たしかに代替行為に問題がないとは思えません。しかし私は補給科長から依頼されてやったんです。業務隊の補給科長というのは物品調達の責任者です。代替行為はやむを得ずにやったことですし、ほかでもたくさんやっている。なぜ私だけが懲戒免職なのか。

## 裁判で明らかになった偽証・証拠偽造

**――それから長い裁判がはじまります。懲戒免職処分の取り消し訴訟。それから国に対して五五万円の返還を請求する訴訟。加藤さんが拘留中、奥さんに「弁済金」として損害金を入れた六五万円を払わせた。横領していないんだから「弁済」はおかしい。返還してくれという裁判ですね。**

弁護士に相談しましたが「国の裁定を撤回させるのは難しい」と言われて自分でやりました。返還請求訴訟の控訴審・上告審は伊東大祐弁護士に依頼しました。

**――裁判の結果は。**

結局全部負けました。でもおかしなことがいくつもわかってきました。国側は、会計隊のトナーは納品されていないと言っていたんです。納品がないことを裏付けようとして、事件直後の日付がある後任会計隊長の陳述書を出してきた。そこには、事件に関することがいくつか書かれていて、最後に、〈（トナーは）年間を通じて一〇本〜一一本程度を使用していたと思います〉〈（トナー代は）上級部隊から配分を受けた年度末の予算から購入したと記憶しています〉と述べてあった。予算で買っているんだから加藤名義の口座に入ったカネはトナー代ではない。そう言いたかったのです。

**――しかし、会計隊のコピーは公費で買っていない「寄附受け」のもの。トナーも予算はついていなかった。**

はい。それで、本当に予算でトナーを買ったというのなら証拠を出せと反論したんです。すると「破棄した」といって出してこない。そして、じつは後任会計隊長の陳述書に改ざんがなされていたことがわかったんです。

**――改ざんというのは。**

古い資料から酷似した陳述書が見つかった。しかし、こちらには「トナー」のくだりがない。じつは古いほうが「原本」で、裁判に出してきたものは「トナー」のくだりを付け加えていたんです。偽造、改ざんです。

**――どうなったんですか。**

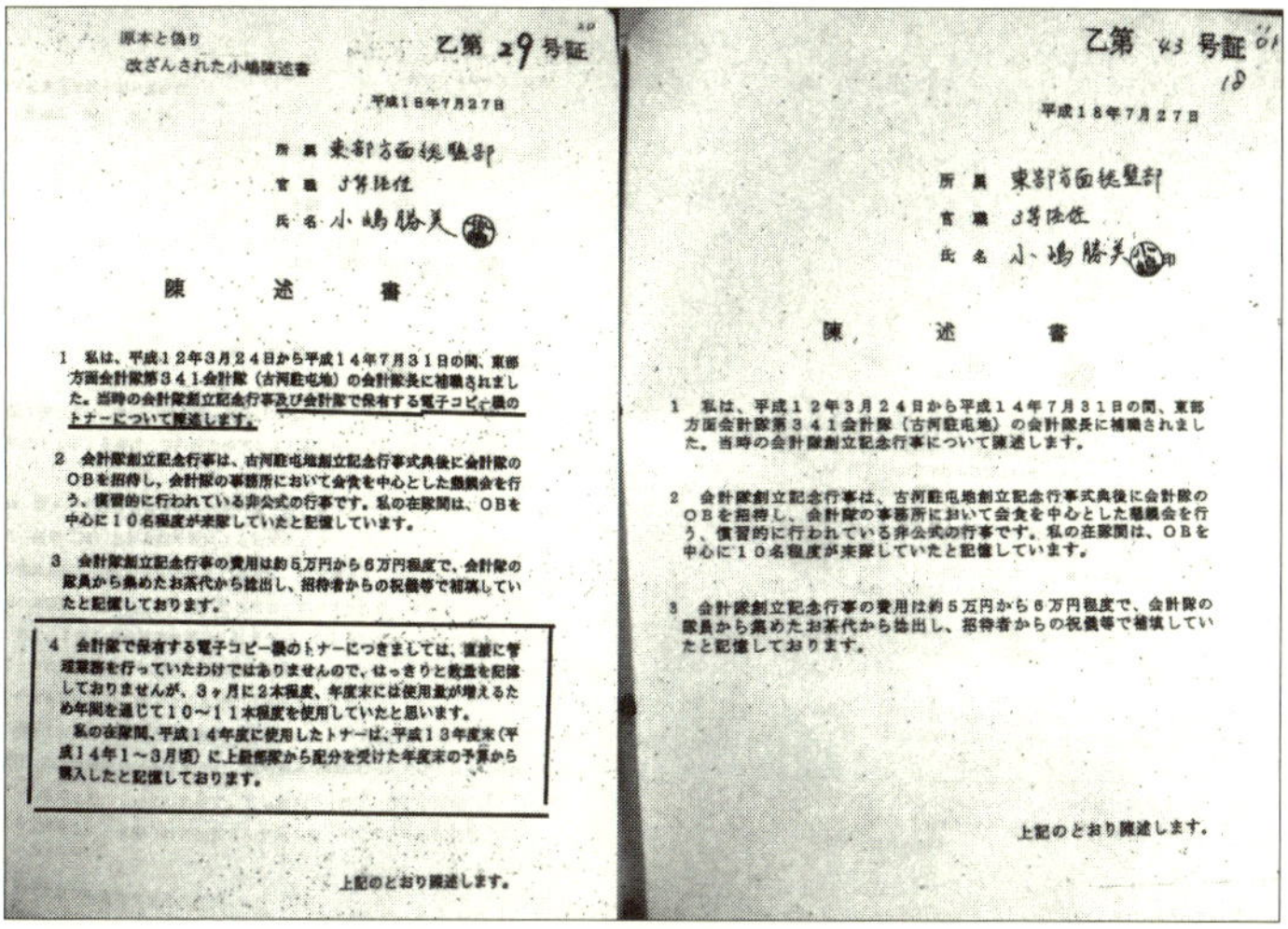

原本と偽り
改ざんされた小嶋陳述書

乙第29号証

平成18年7月27日

所属 東部方面総監部
官職 3等陸佐
氏名 小嶋勝美

陳述書

1 私は、平成12年3月24日から平成14年7月31日の間、東部方面会計隊第341会計隊（古河駐屯地）の会計隊長に補職されました。当時の会計隊創立記念行事及び会計隊で保有する電子コピー機のトナーについて陳述します。

2 会計隊創立記念行事は、古河駐屯地創立記念行事式典後に会計隊のOBを招待し、会計隊の事務所において会食を中心とした懇親会を行う、慣習的に行われている非公式の行事です。私の在隊間は、OBを中心に10名程度が来隊していたと記憶しています。

3 会計隊創立記念行事の費用は約5万円から6万円程度で、会計隊の隊員から集めたお茶代から捻出し、招待者からの祝儀等で補填していたと記憶しております。

4 会計隊で保有する電子コピー機のトナーにつきましては、直接に管理業務を行っていたわけではありませんので、はっきりと数量を記憶しておりませんが、3ヶ月に2本程度、年度末には使用量が増えるため年間を通じて10～11本程度を使用していたと思います。
私の在隊間、平成14年度に使用したトナーは、平成13年度末（平成14年1～3月頃）に上級部隊から配分を受けた年度末の予算から購入したと記憶しております。

上記のとおり陳述します。

乙第43号証

平成18年7月27日

所属 東部方面総監部
官職 3等陸佐
氏名 小嶋勝美

陳述書

1 私は、平成12年3月24日から平成14年7月31日の間、東部方面会計隊第341会計隊（古河駐屯地）の会計隊長に補職されました。当時の会計隊創立記念行事について陳述します。

2 会計隊創立記念行事は、古河駐屯地創立記念行事式典後に会計隊のOBを招待し、会計隊の事務所において会食を中心とした懇親会を行う、慣習的に行われている非公式の行事です。私の在隊間は、OBを中心に10名程度が来隊していたと記憶しています。

3 会計隊創立記念行事の費用は約5万円から6万円程度で、会計隊の隊員から集めたお茶代から捻出し、招待者からの祝儀等で補填していたと記憶しております。

上記のとおり陳述します。

会計隊のコピー機のトナーは裏金で購入してきた。しかし「公費で買った」ことにするために国側は証拠を改ざんして法廷に出した

不正じゃないかと追及したら証拠を取り下げました。それで知らんぷりです。

**――ほとんど犯罪ですね。**

あと、コンテナや手袋については、元部下が「納品されていない」と嘘の供述をしていました。代金の八万円は加藤と結託してN社が利益として盗ったというのが国の主張で、これを裏付けるための供述です。私はこの元部下に会って、「本当のことを話してくれ」と頼みました。すると彼は、納品があったことを認めました。裁判で証人にも出てくれた。警務隊から虚偽の供述をするよう圧力があった経緯についても証言してくれました。

**――それでも敗訴。裁判所も加担した「いじめ」という気がしてきます。**

架空の契約をしてカネを盗ったと言いな

がら、共犯関係にあるはずのN社はまったくお咎めなしですからね。そこをみてもこの事件のおかしさがわかると思います。

**――ひどい判決です。**

制度の仕組みからして、私と業者だけでは調達はできません。着服しようにもできないんです。それにもかかわらず「公金を着服した」と警務隊は私を逮捕した。その警務隊自身が裏金に手を染めているんです。代替行為をせざるを得ないのも、国の予算制度に問題があるからです。でも、そういった事情は裁判官には通じませんでした。なにより国賠訴訟の指定代理人という人たちがいかに真相の追及を妨げているかについて、多くの国民に知って欲しいと思います。

**――加藤さんが裁判を通じて暴いたもの、残したものは小さくありません。いま自衛隊は人気があって、若い人で入りたい人は多いようです。何かおっしゃりたいことはありますか。**

組織はいつ自分に向かって責任を押しつけてくるかわからないということですね。いざというときに組織は助けてくれない。自衛隊の隠蔽体質、これはいっさい変わらない。防衛大学が自衛隊の主流で、偏重・利己・閉鎖的ですから。この考え方はなかなか変わらない。

**――隠蔽することが組織のなかで生き残る処世術？**

そう、暗部は出さない。あったとしても隠す。若い隊員なんかに言いたいのは、もしなんかあったら責任は自分にあるんだよと、組織は守ってくれないよと。

――自分の身は自分で守れ。

それが唯一の「防衛」です。

（二〇一三年五月一六、二七日、群馬県内でインタビュー）

# あとがき

私がはじめて自衛官と間近に接したのは一九九三年のモザンビークＰＫＯのときだった。

「やっぱり帰るときは悲しいだろうな……もう二度と来ることはないでしょうから」

「私は三〇年後に来たい。三〇年とは言わないでも、一〇年後くらい後に。この国がどうなっているのか見てみたい――」

ベイラという田舎町の閑散とした夕暮れの空港で、ヘリコプターの到着を待っていた二人の自衛官がそんなことをぽつりと言った。

心優しい人たちだった。文房具もろくに買えない子どもたちに同情し、ポケットマネーを集めてノートとボールペンを贈った。親しくなってはいけないと言いながらも、地元住民との間で友情が生まれていた。

しかし、いったん情勢が変われば銃口を向けねばならない立場にあった。それがいかに残酷なことか。

「この人たちに撃たせたくない」

私は思った。日本に何の恨みもないアフリカ人を自衛官が撃つときがくるとすれば、それは私も含む日本国民の責任ではないかとも思った。

幸いというべきだろう。モザンビークPKOは、銃声もけが人も、重病人もなく、「平和裏」に終わった。※

二〇年を経て、自衛隊を「国防軍」にしようという声がかまびすしく叫ばれるようになった。同時に自衛隊員の命は格段に軽く扱われるようになった。

たしかに今のところ、「戦闘中の死亡」はない。だがそれを前提とした自衛隊運用の議論が平然となされている。自殺という点でみれば、日本の「兵士」はすでに日々傷つき、死んでいる。そしてこれらの「死」が持つニュース価値は低い。世の中に自殺があふれかえっているせいかもしれない。自衛隊員の命の軽さは、日本で暮らす住民の命の軽さを反映している。

街を行けば自衛隊を宣伝する広告を見ない日はない。「国を守る」といった勇ましいキャッチコピーが踊っている。それらの宣伝文句を目にするたび、筆者の脳裏には二〇年前に訪ねた自衛隊キャンプの風景がよみがえり、「この人たちに撃たせたくない」という思いをあらたにするのである。

◇

取材・執筆にあたっては訴訟当事者の皆様や代理人弁護士をはじめ、多くの方々のご協力をいただきました。この場を借りて厚くお礼申し上げます。なお収録した記事のうちプロローグ以外は、インターネットのニュースサイト『マイニュースジャパン』で発表した記事に加筆・修正を施したものです。なお文中の肩書き及び年齢は取材当時のものです。

二〇一三年六月二五日

三宅勝久

※『悩める自衛官』「ルポ・モザンビークPKO」参照